U0464464

2019 年版

电网设备技术标准执行指导意见

变电分册

国家电网有限公司 编

中国电力出版社
CHINA ELECTRIC POWER PRESS

内 容 提 要

为持续加强电网设备技术标准管理，规范标准执行，促进各级设备管理和专业技术人员准确使用技术标准，国家电网有限公司组织编写了《电网设备技术标准执行指导意见（2019年版）》丛书，包括输电分册、变电分册、配电分册和直流分册4个分册。

本书为《电网设备技术标准执行指导意见（2019年版） 变电分册》，主要内容包括变压器（油浸式电抗器）、站用变压器、干式电抗器、高压套管、穿墙套管、消弧线圈、组合电器、断路器、隔离开关、开关柜、电流互感器、电压互感器、电容器、串联电容器补偿装置、避雷器等共21类设备的技术标准执行指导意见。指导意见以变电类设备为维度，厘清每类设备的主标准（技术规范、技术条件）、从标准（运维检修、现场试验、状态评价、技术监督等）、支撑标准［主（从）标准工作内容的补充］，明确标准差异条款的执行意见。

本书主要供电力企业及相关单位从事电力科研、规划、设计、制造、建设、运行、维护、检修、试验等各环节工作的各级管理、技术和技能人员使用。

图书在版编目（CIP）数据

电网设备技术标准执行指导意见：2019年版．变电分册/国家电网有限公司编．—北京：中国电力出版社，2020.3（2020.6重印）
ISBN 978-7-5198-3943-7

Ⅰ.①电… Ⅱ.①国… Ⅲ.①电网—电力设备—技术标准—研究—中国②变电所—电力设备—技术标准—研究—中国 Ⅳ.①TM7②TM63

中国版本图书馆CIP数据核字（2019）第240332号

出版发行：中国电力出版社
地　　址：北京市东城区北京站西街19号（邮政编码100005）
网　　址：http://www.cepp.sgcc.com.cn
责任编辑：罗翠兰　肖　敏
责任校对：黄　蓓　朱丽芳
装帧设计：赵姗姗
责任印制：石　雷

印　　刷：三河市万龙印装有限公司
版　　次：2020年3月第一版
印　　次：2020年6月北京第二次印刷
开　　本：710毫米×1000毫米　16开本
印　　张：14.5
字　　数：265千字
印　　数：2001—8000册
定　　价：80.00元

版权专有 侵权必究

本书如有印装质量问题，我社营销中心负责退换

《电网设备技术标准执行指导意见 （2019年版）变电分册》

编 委 会

主 任 张智刚

副主任 王国春

委 员 毛光辉　吕 军　郭贤珊　高理迎　王立新

主 编 毛光辉

副主编 徐玲铃　田洪迅　彭 江　宁 昕　赵海翔
金 焱　张贺军　王 庆　王 剑　苏庆民
牛 林

参 编 张兴辉　解晓东　郝文魁　李 刚　高楠楠
乔汉文　崔洪波　于 跃　张立斌　江和顺
李坚林　季 坤　李志鹏　吕学宾　雷 鸣
黄武浩　范 锫　高 山　何 宁　晏年平
李苏雅　朱大铭　吕志瑞　彭 平　陈瑞国
何 涛　贾孟丹　赵东旭　李希元　陈栋新
李海凤　李秉宇　高天宝

《电网设备技术标准执行指导意见 （2019 年版）变电分册》

编制单位和编写人员

第一章 变压器（油浸式电抗器）技术标准执行指导意见

牵 头 单 位　国网安徽省电力有限公司
参 编 单 位　国网黑龙江省电力有限公司
编写组组长　季　坤
编写组成员　吴兴旺　丁国成　李坚林　秦少瑞　徐志伟　王志鹏
　　　　　　李承斌　朱胜龙　谢　佳　杨海涛　尹睿涵　张晨晨
　　　　　　牛立群　马骁兵　李大卫　王宜福　张卫义　汪隆臻
　　　　　　曹元远　张　翼　瞿舜克　吴　杰

第二章 站用变压器技术标准执行指导意见

牵 头 单 位　国网北京市电力公司
编写组组长　李志鹏
编写组成员　丁　莉　胡　洋　贾孟丹　时荣超　叶　宽　侯宇程
　　　　　　蔡冬昇　于　山

第三章 干式电抗器技术标准执行指导意见

牵 头 单 位　国网山东省电力公司
参 编 单 位　国网四川省电力公司　国网天津市电力公司
　　　　　　国网安徽省电力有限公司　国网冀北电力有限公司
编写组组长　吕学宾
编写组成员　王学磊　吴　强　王　建　周加斌　李龙龙　朱文兵
　　　　　　苏永智　刘颂菊　张春旭　李成鑫　白　欢　王　伟
　　　　　　尹睿涵　袁文迁

第四章 高压套管技术标准执行指导意见

牵 头 单 位　国网新疆电力有限公司

编写组组长　雷　鸣

编写组成员　赵普志　郑　义　何丹东　杨定乾　董新胜　陈　刚
　　　　　　徐路强　苑龙祥

第五章　穿墙套管技术标准执行指导意见

牵 头 单 位　国网浙江省电力有限公司
参 编 单 位　国网山东省电力公司
编写组组长　黄武浩
编写组成员　郭　锋　朱义勇　成敬周　丁　敬　刘　黎　孙　翔
　　　　　　邵先军　王　威　李　晨　郑一鸣　蒋　鹏　李斐然
　　　　　　王绍安　杨　智　陈孝信　魏泽民　李贤良　曾　晓
　　　　　　焦晨骅　曹力谭　赵　峥　许　飞　童　超　戴则维
　　　　　　王林挺　方鑫勇　田梁玉　廖平军　傅钦东　陈大庆
　　　　　　程　宁　张洪辉　陈　飞　任众楷　高　炜

第六章　消弧线圈技术标准执行指导意见

牵 头 单 位　国网四川省电力公司
参 编 单 位　国网山东省电力公司　国网江西省电力有限公司
　　　　　　国网冀北电力有限公司
编写组组长　范　锆
编写组成员　白　欢　何　伟　李成鑫　崔　涛　刘　睿　唐永红
　　　　　　陈　凌　刘　鑫　李　刚　吴晓晖　王学磊　周加斌
　　　　　　马鑫晟　龙国华　张宗喜　冯　运　龙震泽　谢　茜

第七章　组合电器技术标准执行指导意见

牵 头 单 位　国网江苏省电力有限公司
参 编 单 位　国网青海省电力公司　西安高压电器研究院有限责任公司
编写组组长　高　山
编写组成员　刘咏飞　刘　媛　赵德祥　杨景刚　马　勇　贾勇勇
　　　　　　赵　科　肖焓艳　胡　晶　卞　超　王如山　刘永康
　　　　　　顾　浩　张　正

第八章　断路器技术标准执行指导意见

牵头单位　国网江苏省电力有限公司
参编单位　国网青海省电力公司　西安高压电器研究院有限责任公司
编写组组长　高　山
编写组成员　刘　通　刘咏飞　徐铁胜　杨景刚　马　勇　贾勇勇
　　　　　　赵　科　肖燚艳　王　挺　关为民　郁鸿儒　周　飞
　　　　　　徐　俊　徐卓凌

第九章　隔离开关技术标准执行指导意见

牵头单位　国网江苏省电力有限公司
参编单位　国网青海省电力公司　西安高压电器研究院有限责任公司
编写组组长　高　山
编写组成员　刘　媛　杨景刚　戴　强　马　勇　贾勇勇　赵　科
　　　　　　刘咏飞　杨　骙　王　挺　解建刚　王　飞　钱　聪
　　　　　　王国良

第十章　开关柜技术标准执行指导意见

牵头单位　国网重庆市电力公司
参编单位　国网上海市电力公司
编写组组长　何　宁
编写组成员　鲍明晖　安昌萍　李　勇　印　华　廖玉祥　孔飞飞
　　　　　　胡正勇　吴宝祥　夏维建　汪　力　王剑飞　舒　强
　　　　　　杨　凌　严　傲　黄正波　杨　炯　邹　宇　张鹏举
　　　　　　徐　菁　余欣玺　刘　陈　杨光华

第十一章　电流互感器技术标准执行指导意见

牵头单位　国网江西省电力有限公司
编写组组长　晏年平
编写组成员　万　华　张　宇　童军心　刘　衍　崔金灵　肖安雁
　　　　　　叶心平　徐碧川　张　竞　王　鹏　邹　阳　陈　田
　　　　　　刘玉婷　龙国华　李博江

第十二章　电压互感器技术标准执行指导意见

牵头单位　国网天津市电力公司
编写组组长　李苏雅
编写组成员　魏菊芳　田成凤　刘创华　满玉岩　胡志刚　关凌越
　　　　　　李志坚　刘继平　张　弛　马小光　闫立东　陶敬峰
　　　　　　顿　超　牛　原　马　昊　赵玉新　陈　彬　郝春艳
　　　　　　刘　喆　朱文兵

第十三章　电容器技术标准执行指导意见

牵头单位　国网吉林省电力有限公司
参编单位　国网安徽省电力有限公司　中国电力科学研究院有限公司
　　　　　　国网四平供电公司　国网吉林供电公司
　　　　　　上海思源电力电容器有限公司　桂林电力电容器有限责任
　　　　　　公司
编写组组长　朱大铭
编写组成员　白　羽　冯世涛　王　凯　国　江　秦少瑞　刘　赫
　　　　　　张　亮　司昌健　李思佳　许文燮　葛志成　李　磊
　　　　　　沈　重　季　坤　李坚林　王金刚　吴永利

第十四章　串联电容器补偿装置技术标准执行指导意见

牵头单位　国网冀北电力有限公司
编写组组长　吕志瑞
编写组成员　马鑫晟　龙凯华　彭　珑　赵　盟　袁文迁　毛　婷
　　　　　　赵　媛　张　超　胡应宏　张静岚　林　林

第十五章　避雷器技术标准执行指导意见

牵头单位　国网湖南省电力有限公司
编写组组长　彭　平
编写组成员　范　敏　欧乐知　钟永恒　任章鳌　曹柏熙　胡海涛

第十六章　接地网技术标准执行指导意见

牵头单位　国网辽宁省电力有限公司
参编单位　中国电力科学研究院有限公司　国网陕西省电力公司
　　　　　国网湖北省电力有限公司
编写组组长　陈瑞国
编写组成员　李冠华　崔巨勇　王　汀　粟　罡　赵东旭　谭　波
　　　　　　韦德福　金　鑫　韩洪刚　是艳杰　李志忠　姚　尧
　　　　　　田　野　王飞鸣

第十七章　SVC技术标准执行指导意见

牵头单位　国网辽宁省电力有限公司
参编单位　中电普瑞科技有限公司　国网经济技术研究院有限公司
　　　　　国网河北省电力有限公司
编写组组长　赵东旭
编写组成员　王　汀　何建营　陈　刚　陈瑞国　赵　刚　李　涛
　　　　　　魏孟刚　何砚德　蒋苏南　张　琳　赵义松　季一鸣
　　　　　　张建军　张冠锋

第十八章　SVG技术标准执行指导意见

牵头单位　国网辽宁省电力有限公司
参编单位　中电普瑞科技有限公司　国网经济技术研究院有限公司
　　　　　国家电网有限公司技术学院分公司
编写组组长　李希元
编写组成员　赵东旭　何建营　陈瑞国　王　汀　孙艳鹤　高楠楠
　　　　　　蒋苏南　张　琳　季一鸣　赵　刚　李　涛　魏孟刚
　　　　　　何砚德　朱义东　鲁旭臣　张冠锋

第十九章　电能质量技术标准执行指导意见

牵头单位　国网河南省电力公司
编写组组长　陈栋新
编写组成员　张　博　张健壮　李琼林　刘书铭　夏中原　兰光宇

代双寅　唐钰政　王　毅　朱明丽　郑　晨　苗红星
闫　辉　郭　昊

第二十章　直流电源技术标准执行指导意见

牵头单位　国网河北省电力有限公司
编写组组长　李秉宇
编写组成员　岳国良　何瑞东　苗俊杰　杜旭浩　贾志辉　贾伯岩
　　　　　　赵俊蕾　张　明　吴二宅　孙新杰　郑献刚　杨延文
　　　　　　贾晓峰　孙　祎　赵建利　刘　振　赵　军　刘　婷

第二十一章　不停电作业装备技术标准执行指导意见（输变电部分）

牵头单位　国网北京市电力公司
编写组组长　高天宝
编写组成员　狄美华　刘　晨　李　阳　蔡冬昇

《电网设备技术标准执行指导意见 （2019 年版）变电分册》

数字资源编制单位和编制人员

牵头单位	国家电网有限公司国网技术学院分公司
编制组组长	王立新
编制组副组长	苏庆民　牛　林
编制组成员	李海凤　高楠楠　战　杰　罗　强
	高立民　李树静　林桂华　崔金涛
主讲人	吴兴旺　胡　洋　王学磊　董新胜
	杨　智　白　欢　刘咏飞　高　山
	王　飞　夏维建　万　华　李苏雅
	白　羽　马鑫晟　胡海涛　李佳奇
	何建营　张　博　李秉宇　高天宝

前 言

　　标准是企业高质量发展的重要保障，是企业卓越竞争力的重要体现，是一切技术工作的前提条件。为优化设备管理技术标准体系，规范标准执行，强化标准应用，国家电网有限公司设备管理部对52类电网一次设备标准体系进行梳理研究，编制印发了《变压器、断路器等52类电网设备技术标准执行指导意见（2019年版）》（简称指导意见）。以设备为维度，覆盖变压器、断路器等52类电网一次设备，共梳理出各类适用标准1346项，形成54份技术标准执行指导意见。指导意见包括适用范围、标准体系概况及标准执行说明三部分。适用范围规定了指导意见适用的电网设备类型、电压等级等；标准体系概况明确了设备的主标准（技术规范、技术条件）、从标准（运维检修、现场试验、状态评价、技术监督等）、支撑标准［主（从）标准工作内容的补充］的标准体系框架；标准执行说明指明了设备技术标准实施及差异化条款的具体执行意见。

　　为进一步规范电网设备技术标准执行，促进各级设备管理和专业技术人员准确使用技术标准，以指导意见为基础，国家电网有限公司组织编写了《电网设备技术标准执行指导意见（2019年版）》丛书，包括输电分册、变电分册、配电分册和直流分册4个分册。本书为《电网设备技术标准执行指导意见（2019年版）　变电分册》，主要内容包括变压器（油浸式电抗器）、站用变压器、干式电抗器、高压套管、穿墙套管、消弧线圈、组合电器、断路器、隔离开关、开关柜、电流互感器、电压互感器、电容器、串联电容器补偿装置、避雷器等共21类设备的技术标准执行指导意见。

　　本书由国家电网有限公司设备管理部组织，国网北京、天津、河北、冀北、山东、江苏、浙江、安徽、湖南、河南、江西、四川、重庆、辽宁、吉林、新疆电力、中国电科院、联研院及国网技术学院等共同编写。编写工作得到了国家电网有限公司领导、各部门、各单位的大力支持，也得到了公司系统相关专家的支持和帮助，在此表示衷心感谢！

　　鉴于编写人员水平有限、编写时间仓促，书中难免有不妥或疏漏之处，敬请读者批评指正。

编者

2019年12月

目　录

第一章

变压器 （油浸式电抗器） 技术标准执行指导意见

扫一扫
视频二维码

一、范围

本指导意见包含了电力变压器、油浸式并联电抗器本体及附属设备的性能参数、技术要求、试验项目及方法、运维检修、现场试验、状态评价、技术监督等相关技术标准。适用于 35～1000kV 电力变压器、油浸式并联电抗器，用于指导公司系统 35kV 及以上电力变压器（油浸式电抗器）的检修、试验和技术监督等工作。

二、标准体系概况

本指导意见针对电力变压器（油浸式电抗器）相关国家标准、行业标准、企业标准进行梳理，共梳理各类标准 93 项，分类形成主标准 13 项、从标准 24 项、支撑标准 56 项。

（一）主标准

变压器（油浸式电抗器）主标准是设备的技术规范、技术条件类标准，包括设备额定参数值、设计与结构、型式试验/出厂试验项目及要求等内容。变压器（油浸式电抗器）主标准共 13 项，标准清单见表 1-1。

表 1-1　　　　　　变压器 （油浸式电抗器） 设备主标准清单

序号	标准号	标准名称	
1	GB/T 1094.1—2013	电力变压器　第 1 部分：总则	
2	GB/T 1094.2—2013	电力变压器　第 2 部分：液浸式变压器的温升	
3	GB/T 1094.3—2017	电力变压器　第 3 部分：绝缘水平、绝缘试验和外绝缘空气间隙	
4	GB/T 1094.4—2005	电力变压器　第 4 部分：电力变压器和电抗器的雷电冲击和操作冲击试验导则	
5	GB/T 1094.5—2008	电力变压器　第 5 部分：承受短路的能力	
6	GB/T 1094.7—2008	电力变压器　第 7 部分：油浸式电力变压器负载导则	
7	GB/T 1094.10—2003	电力变压器　第 10 部分：声级测定	

续表

序号	标准号	标准名称
8	GB/T 6451—2015	油浸式电力变压器技术参数和要求
9	Q/GDW 1103—2015	750kV 系统用油浸式变压器技术规范
10	GB/T 24843—2018	1000kV 单相油浸式自耦电力变压器技术规范
11	GB/T 1094.6—2011	电力变压器 第6部分：电抗器
12	DL/T 271—2012	330kV～750kV 油浸式并联电抗器使用技术条件
13	GB/T 24844—2018	1000kV 交流系统用油浸式并联电抗器技术规范

1. GB/T 1094.1—2013《电力变压器 第1部分：总则》

本标准适用于三相及单相变压器（包括自耦变压器），但不包括某些小型和特殊变压器。当某些类型的变压器（尤其是所有绕组电压均不高于 1000V 的工业用特种变压器）没有相应的标准时，本标准可以整体或部分适用。

2. GB/T 1094.2—2013《电力变压器 第2部分：液浸式变压器的温升》

本标准规定了变压器冷却方式的标志、变压器温升限值及温升试验方法，适用于油浸式变压器。

3. GB/T 1094.3—2017《电力变压器 第3部分：绝缘水平、绝缘试验和外绝缘空气间隙》

本标准详述了所采用的有关绝缘试验和套管带电部分之间及它们对地的最小空气绝缘间隙，适用于 GB/T 1094.1—2013《电力变压器 第1部分：总则》所规定的单相和三相油浸式电力变压器（包括自耦变压器）。对于某些有各自标准的电力变压器和电抗器类产品，本标准只有在被这些产品标准明确引用时才适用。

4. GB/T 1094.4—2005《电力变压器 第4部分：电力变压器和电抗器的雷电冲击和操作冲击试验导则》

本标准对电力变压器的雷电冲击和操作冲击试验的现行方法提供一个准则，并作一些说明，以作为 GB/T 1094.3 的补充。本标准包括波形、连同试验接线在内的试验回路、试验时接地的实施、故障探测方法、试验程序、测量技术以及试验结果的判断等方面。

5. GB/T 1094.5—2008《电力变压器 第5部分：承受短路的能力》

本标准规定了电力变压器在由外部短路引起的过电流作用下应无损伤的要求。本标准叙述了表征电力变压器承受这种过电流的耐热能力的计算程序和承受相应的动稳定能力的特殊试验和理论评估方法。本标准适用于 GB/T 1094.1 所规定范围内的变压器。

6. GB/T 1094.7—2008《电力变压器　第 7 部分：油浸式电力变压器负载导则》

本标准阐述了变压器在不同环境温度和负载条件下的运行对其寿命的影响，从运行温度和热老化观点提供了电力变压器的规范和负载导则。适用于油浸式变压器。

7. GB/T 1094.10—2003《电力变压器　第 10 部分：声级测定》

本标准规定了声压和声强的测量方法，并以此来确定变压器、电抗器及其所安装的冷却设备的声功率级。

8. GB/T 6451—2015《油浸式电力变压器技术参数和要求》

本标准规定了油浸式电力变压器的性能参数、技术要求、检测规则及方法、标志、起吊、包装、运输和贮存。适用于额定容量为 30kVA 及以上，额定频率为 50Hz，电压等级为 6kV、10kV、35kV、66kV、110kV、220kV、330kV 和 500kV 的三相油浸式电力变压器和电压等级为 500kV 的单相油浸式电力变压器。

9. Q/GDW 1103—2015《750kV 系统用油浸式变压器技术规范》

本标准规定了 750kV 系统用油浸式变压器本体及附属设备的功能设计、结构、性能和试验等方面的技术要求。适用于 750kV 系统用的油浸式变压器。

10. GB/T 24843—2018《1000kV 单相油浸式自耦电力变压器技术规范》

本标准规定了 1000kV 单相油浸式自耦电力变压器的性能参数、结构要求、试验及标志、包装和运输等方面的要求。适用于 1000kV 级，额定容量为 1000MVA 和 1500MVA 的单相油浸式自耦电力变压器。

11. GB/T 1094.6—2011《电力变压器　第 6 部分：电抗器》

本标准对并联电抗器的额定参数、温升、绝缘水平、试验提出了具体要求。

12. DL/T 271—2012《330kV～750kV 油浸式并联电抗器使用技术条件》

本标准规定了 330～750kV 油浸式并联电抗器及中性点电抗器的额定参数、设计与结构以及试验等方面的要求。适用于 330～750kV 油浸式并联电抗器及中性点电抗器，330～750kV 三相一体油浸式并联电抗器、220kV 及以下电压等级油浸式并联电抗器可参照执行。

13. GB/T 24844—2018《1000kV 交流系统用油浸式并联电抗器技术规范》

本标准规定了 1000kV 交流系统用油浸式并联电抗器的性能参数、技术要求、试验、标志、包装和运输等方面的要求。适用于电压等级为交流 1000kV、额定容量 160～320Mvar 单相油浸式并联电抗器。

（二）从标准

变压器（油浸式电抗器）从标准是指设备在运维检修、现场试验、状态评价、技术监督等方面应执行的技术标准。变压器（油浸式电抗器）从标准包括以下分类：部件元件类、原材料类、运维检修类、现场试验类、状态评价类、技术监督类。变压器（油浸式电抗器）从标准共 24 项，标准清单详见表 1-2。

表 1-2 变压器（油浸式电抗器）设备从标准清单

标准分类	序号	标准号	标准名称
部件元件类	1	GB/T 4109—2008	交流电压高于 1000V 的绝缘套管
	2	GB/T 10230.1—2007	分接开关 第 1 部分：性能要求和试验方法
	3	GB/T 10230.2—2007	分接开关 第 2 部分：应用导则
	4	JB/T 5347—2013	变压器用片式散热器
	5	JB/T 8315—2007	变压器用强迫油循环风冷却器
	6	JB/T 8316—2007	变压器用强迫油循环水冷却器
	7	JB/T 6484—2016	变压器用储油柜
	8	DL/T 1498.2—2016	变电设备在线监测装置技术规范 第 2 部分：变压器油中溶解气体在线监测装置
原材料类	1	GB 2536—2011	电工流体变压器油和开关用的未使用过的矿物绝缘油
	2	DL/T 1388—2014	电力变压器用电工钢带选用导则
	3	DL/T 1387—2014	电力变压器用绕组线选用导则
	4	JB/T 8318—2007	变压器用成型绝缘件技术条件
运维检修类	1	DL/T 572—2010	电力变压器运行规程
	2	DL/T 573—2010	电力变压器检修导则
	3	DL/T 574—2010	变压器分接开关运行维修导则
	4	DL/T 1176—2012	1000kV 油浸式变压器、并联电抗器运行及维护规程
	5	Q/GDW 10207.1—2016	1000kV 变电设备检修导则 第 1 部分：油浸式变压器、并联电抗器
现场试验类	1	GB 50150—2016	电气装置安装工程电气设备交接试验标准
	2	GB/T 50832—2013	1000kV 系统电气装置安装工程电气设备交接试验标准
	3	Q/GDW 1168—2013	输变电设备状态检修试验规程
	4	Q/GDW 1322—2015	1000kV 交流电气设备预防性试验规程
状态评价类	1	DL/T 1685—2017	油浸式变压器（电抗器）状态评价导则
	2	DL/T 1684—2017	油浸式变压器（电抗器）状态检修导则
技术监督类	1	Q/GDW 11085—2013	油浸式电力变压器（电抗器）技术监督导则

（三）支撑标准

变压器（油浸式电抗器）支撑标准是支撑上述主、从标准中相关条款的国家标准、行业标准、企业标准等相关标准。变压器（油浸式电抗器）支撑标准共 56 项，其中，主标准的支撑标准 10 项，从标准的支撑标准 46 项。变压器（油浸式电抗器）支撑标准清单详见表 1-3。

表 1-3 变压器（油浸式电抗器）设备支撑标准清单

序号	标准号	标准名称	支撑类别
1	GB/T 1094.101—2008	电力变压器 第 10.1 部分：声级测定应用导则	主标准
2	Q/GDW 11306—2014	110（66）～1000kV 油浸式电力变压器技术条件	主标准
3	DL/T 272—2012	220kV～750kV 油浸式电力变压器使用技术条件	主标准
4	Q/GDW 312—2009	1000kV 系统用油浸式变压器技术规范	主标准
5	Q/GDW 306—2009	1000kV 系统用油浸式并联电抗器技术规范	主标准
6	Q/GDW 1794—2013	气体绝缘变压器技术条件	主标准
7	GB/T 23755—2009	三相组合式电力变压器	主标准
8	JB/T 9643—2014	防腐蚀型油浸式电力变压器	主标准
9	GB/Z 34935—2017	油浸式智能化电力变压器技术规范	主标准
10	GB/T 17468—2008	电力变压器选用导则	主标准
11	DL/T 1539—2016	电力变压器（电抗器）用高压套管选用导则	从标准部件元件类
12	GB/T 24840—2018	1000kV 交流系统用套管技术规范	从标准部件元件类
13	DL/T 1538—2016	电力变压器用真空有载分接开关使用导则	从标准部件元件类
14	JB/T 9642—2013	变压器用风扇	从标准部件元件类
15	JB/T 10112—2013	变压器用油泵	从标准部件元件类
16	JB/T 7065—2015	变压器用压力释放阀	从标准部件元件类
17	JB/T 9647—2014	变压器用气体继电器	从标准部件元件类
18	JB/T 8317—2007	变压器冷却器用油流继电器	从标准部件元件类
19	JB/T 10430—2015	变压器用速动油压继电器	从标准部件元件类
20	JB/T 6302—2016	变压器用油面温控器	从标准部件元件类
21	JB/T 8450—2016	变压器用绕组温控器	从标准部件元件类
22	JB/T 5345—2016	变压器用蝶阀	从标准部件元件类
23	JB/T 11493—2013	变压器用闸阀	从标准部件元件类
24	JB/T 10319—2014	变压器用波纹油箱	从标准部件元件类
25	Q/GDW 1894—2013	变压器铁心接地电流在线监测装置技术规范	从标准部件元件类
26	DL/T 1498.1—2016	变电设备在线监测装置技术规范 第 1 部分：通则	从标准部件元件类
27	Q/GDW 736.1—2012	智能电力变压器技术条件 第 1 部分：通用技术条件	从标准部件元件类
28	Q/GDW 736.3—2012	智能电力变压器技术条件 第 3 部分：有载分接开关控制 IED 技术条件	从标准部件元件类

续表

序号	标准号	标准名称	支撑类别
29	Q/GDW 736.4—2012	智能电力变压器技术条件 第4部分：冷却装置控制 IED 技术条件	从标准部件元件类
30	Q/GDW 736.9—2012	智能电力变压器技术条件 第9部分：非电量保护 IED 技术条件	从标准部件元件类
31	Q/GDW 11071.1—2013	110（66）～750kV 智能变电站通用一次设备技术要求及接口规范 第1部分：变压器	从标准部件元件类
32	DL/T 1094—2018	电力变压器用绝缘油选用指南	从标准原材料类
33	Q/GDW 11423—2015	超、特高压变压器现场工厂化检修技术规范	从标准运维检修类
34	DL/T 264—2012	油浸式电力变压器电抗器现场密封性试验导则	从标准运维检修类
35	DL/T 310—2010	1000kV 油浸式变压器、并联电抗器检修导则	从标准运维检修类
36	DL/T 540—2013	气体继电器检验规程	从标准运维检修类
37	DL/T 911—2016	电力变压器绕组变形的频率响应分析法	从标准现场试验类
38	DL/T 1093—2018	电力变压器绕组变形的电抗法检测判断导则	从标准现场试验类
39	DL/T 265—2012	变压器有载分接开关现场试验导则	从标准现场试验类
40	DL/T 1275—2013	1000kV 变压器局部放电现场测量技术导则	从标准现场试验类
41	Q/GDW 11447—2015	10kV～500kV 输变电设备交接试验规程	从标准现场试验类
42	GB/T 24846—2018	1000kV 交流电气设备预防性试验规程	从标准现场试验类
43	Q/GDW 11368—2014	变压器铁心接地电流带电检测技术现场应用导则	从标准现场试验类
44	DL/T 1534—2016	油浸式电力变压器局部放电的特高频检测方法	从标准现场试验类
45	DL/T 1807—2018	油浸式电力变压器、电抗器局部放电超声波检测与定位导则	从标准现场试验类
46	DL/T 722—2014	变压器油中溶解气体分析和判断导则	从标准现场试验类
47	GB/T 7595—2017	运行中变压器油质量	从标准现场试验类
48	DL/T 1096—2018	变压器油中颗粒度限值	从标准现场试验类
49	DL/T 984—2018	油浸式变压器绝缘老化判断导则	从标准现场试验类
50	Q/GDW 170—2008	油浸式变压器（电抗器）状态检修导则	从标准状态评价类
51	Q/GDW 10169—2016	油浸式变压器（电抗器）状态评价导则	从标准状态评价类
52	Q/GDW 604—2011	35kV 油浸式变压器（电抗器）状态检修导则	从标准状态评价类
53	Q/GDW 10605—2016	35kV 油浸式变压器（电抗器）状态评价导则	从标准状态评价类
54	Q/GDW 11247—2014	油浸式变压器（电抗器）检修决策导则	从标准状态评价类
55	Q/GDW 11651.1—2017	变电站设备验收规范 第1部分：油浸变压器（电抗器）	从标准技术监督类
56	GB/T 14542—2017	变压器油维护管理导则	从标准技术监督类

三、标准执行说明

(一) 主标准

三相及单相电力变压器（包括自耦变压器）的使用条件、额定值、联结组标号、铭牌、试验等应执行 GB/T 1094.1—2013《电力变压器　第 1 部分：总则》。

油浸式变压器冷却方式的标志、变压器温升限值及温升试验方法应执行 GB/T 1094.2—2013《电力变压器　第 2 部分：液浸式变压器的温升》。

电力变压器所采用的有关绝缘试验和套管带电部分之间及它们对地的最小空气绝缘间隙应执行 GB/T 1094.3—2017《电力变压器　第 3 部分：绝缘水平、绝缘试验和外绝缘空气间隙》。

电力变压器的雷电冲击和操作冲击试验的波形、连同试验接线在内的试验回路、试验时接地的实施、故障探测方法、试验程序、测量技术以及试验结果的判断等应执行 GB/T 1094.4—2005《电力变压器　第 4 部分：电力变压器和电抗器的雷电冲击和操作冲击试验导则》。

电力变压器承受外部短路过电流的耐热能力的计算程序和承受相应的动稳定能力的特殊试验和理论评估方法应执行 GB/T 1094.5—2008《电力变压器　第 5 部分：承受短路的能力》。

油浸式变压器热点温度要求及超铭牌额定容量的负载推荐值应执行 GB/T 1094.7—2008《电力变压器　第 7 部分：油浸式电力变压器负载导则》。

变压器及其所安装的冷却设备的声功率级应执行 GB/T 1094.10—2003《电力变压器　第 10 部分：声级测定》；在拟订变压器或电抗器相关技术条件时，供需双方需要协商确定的因素可参考支撑标准 GB/T 1094.101—2008，当对工厂测量或现场测量结果不确定时同样可参考该标准进行分析。

35～500kV 油浸式电力变压器的性能参数、技术要求、检测规则及方法、标志、起吊、包装、运输和贮存等内容应执行 GB/T 6451—2015《油浸式电力变压器技术参数和要求》。

750kV 系统用油浸式变压器本体及附属设备的功能设计、结构、性能和试验等方面的技术要求应执行 Q/GDW 1103—2015《750kV 系统用油浸式变压器技术规范》。

1000kV 单相油浸式变压器性能参数、结构要求和试验方面的技术要求应执行 GB/T 24843—2018《1000kV 单相油浸式自耦电力变压器技术规范》。

额定容量为 63000kVA 及以上、电压等级为 110、220kV 和 500kV 的三相组合式变压器的环境条件、性能参数、结构要求、标志、运输等可参考支撑标准 GB/T 23755—2009《三相组合式电力变压器》。

110、220kV 三相及 220kV 组合三相气体绝缘变压器的性能参数、技术要求、测试项目等可参考支撑标准 Q/GDW 1794—2013《气体绝缘变压器技术条件》。

66～750kV 油浸式智能化电力变压器的智能组件及传感器的相关要求可参考支撑标准 GB/Z 34935—2017《油浸式智能化电力变压器技术规范》。

35～220kV 油浸式并联电抗器技术参数、试验应执行 GB/T 1094.6—2011《电力变压器　第 6 部分：电抗器》。

330～750kV 油浸式并联电抗器及中性点电抗器的额定参数、设计与结构以及试验应执行 DL/T 271—2012《330kV～750kV 油浸式并联电抗器使用技术条件》。

1000kV 交流系统用油浸式并联电抗器的性能参数、技术要求、试验及标志、包装和运输应执行 GB/T 24844—2018《1000kV 交流系统用油浸式并联电抗器技术规范》。

标准差异化执行意见：

（1）Q/GDW 1103—2015《750kV 系统用油浸式变压器技术规范》第 8.16 条规定：无励磁分接开关的机械寿命不少于 1 万次。建议执行支撑标准 GB/T 10230.1—2007《分接开关　第 1 部分：性能要求和试验方法》中的第 7.2.4.1 条规定：对于采用合适的电动机构的无励磁分接开关应进行 20000 次操作。

原因分析：变压器物资采购规范中对于 750kV 变压器分接开关机械寿命要求为 2 万次；经与国内主流分接开关厂家核实，无励磁开关的机械寿命不分电压等级，电动操作的标准均为 20000 次。

（2）对于防腐蚀型油浸式电力变压器，除需满足 GB/T 1094.1 与 GB/T 6451 的要求外，还需满足支撑标准 JB/T 9643—2014《防腐蚀型油浸式电力变压器》中下表要求：

6 技术要求	6.1 各类型防腐变压器应符合如下使用环境条件等级： ——W 型产品的环境条件等级为：4K1/4Zh2/4Za4/4Zw7/4B1/4C2/4S2； ——WF1 型产品的环境条件等级为：4K1/4Zh2/4Za4/4Zw7/4B1[2)]/4C3/4S3。 各种使用环境条件等级的环境参数按 JB/T 4375 相应表中的内容选取。 6.2 WF1 型产品，其高、低压套管应采用密封保护装置加以防护，并便于高压电缆进线和低压母线槽的安装，防护等级应符合 IP54。 6.3 储油柜及吸湿器应采取措施，阻止外部有害气体对变压器油的腐蚀。 6.4 所有外露紧固件、高压及低压导电杆、标牌等均应满足防腐要求。 6.5 外壳涂漆漆膜应均匀，附着力强，不允许有脱皮、气泡、斑点、流痕等缺陷。 6.6 防腐变压器应符合 GB/T 1094.1、GB/T 1094.2、GB/T 1094.3、GB/T 1094.5、GB/T 1094.7、GB/T 6451 和 GB/T 25446 的有关规定

7.2.2 型式试验	防腐变压器的型式试验项目除按照 GB/T 1094.1 和 GB/T 6451 的规定外，还应进行下列型式试验： a）密封保护装置防护等级为 IP54 的试验： ——防尘试验； ——防水试验。 b）人工模拟试验环境

（二）从标准

1. 部件元件类

部件元件类主要包含组成设备本体的部件、元件及附属设施（如在线监测装置、智能组部件等）的技术要求。

变压器套管的技术要求应执行 GB/T 4109—2008《交流电压高于 1000V 的绝缘套管》。

变压器分接开关的技术要求应执行 GB/T 10230.1—2007《分接开关　第 1 部分：性能要求和试验方法》及 GB/T 10230.2—2007《分接开关　第 2 部分：应用导则》，真空有载分接开关性能、保护装置、试验项目、试验方法等应执行支撑标准 DL/T 1538—2016《电力变压器用真空有载分接开关使用导则》。

变压器片式散热器、强迫油循环风冷却器、强迫油循环水冷却器的技术要求应分别执行 JB/T 5347—2013《变压器用片式散热器》、JB/T 8315—2007《变压器用强迫油循环风冷却器》、JB/T 8316—2007《变压器用强迫油循环水冷却器》。变压器用风扇、油泵、油流继电器可参考支撑标准 JB/T 9642—2014《变压器用风扇》、JB/T 10112—2013《变压器用油泵》、JB/T 8317—2007《变压器冷却器用油流继电器》。

变压器储油柜结构及技术要求应执行 JB/T 6484—2016《变压器用储油柜》。

变压器油色谱在线监测装置的技术要求应执行 DL/T 1498.2—2016《变电设备在线监测装置技术规范　第 2 部分：变压器油中溶解气体在线监测装置》。

2. 原材料类

变压器原材料主要包括绝缘油、电工钢带、绕组线、绝缘件等。

变压器新油的技术要求应执行 GB 2536—2011《电工流体变压器油和开关用的未使用过的矿物绝缘油》。

电力变压器用电工钢带的选用原则、技术要求、试验项目、标志等应执行 DL/T 1388—2014《电力变压器用电工钢带选用导则》。

电力变压器用绕组线的技术要求、检验项目及要求等应执行 DL/T 1387—2014《电力变压器用绕组线选用导则》。

油浸式变压器用绝缘纸类成型绝缘件的技术要求、试验分类及项目等应执行 JB/T 8318—2007《变压器用成型绝缘件技术条件》。

标准差异化执行意见：

GB 2536—2011《电工流体变压器油和开关用的未使用过的矿物绝缘油》表1中对油的介质损耗因数（90℃）要求为不大于 0.005。建议执行支撑标准 DL/T 1094—2018《电力变压器用绝缘油选用指南》中 4.3.3 条规定：验收合格的新油经脱气和过滤净化处理后的介质损耗因数应不大于 0.002。

原因分析：根据现场使用经验，未经使用过的新油经滤油处理后介质损耗因数均不超过 0.002，如果不能满足要求就存在以次充好的可能。

3. 运维检修类

35～750kV 电力变压器（油浸式电抗器）运行的基本要求、运行条件、运行维护、不正常运行和处理应执行 DL/T 572—2010《电力变压器运行规程》；1000kV 油浸式变压器及 1000kV 油浸式并联电抗器现场运行及维护的工作要求应执行 DL/T 1176—2012《1000kV 油浸式变压器、并联电抗器运行及维护规程》。

变压器大修、小修项目，以及常见缺陷处理、例行检查与维护方法等应执行 DL/T 573—2010《电力变压器检修导则》，该标准适用于 35～500kV 电压等级的油浸式电力变压器，气体绝缘变压器、油浸式电抗器等可参照本标准并结合制造厂的规定执行；变压器分接开关检修应执行 DL/T 574—2010《变压器分接开关运行维修导则》。对于 1000kV 变压器及电抗器的检修工作应执行 Q/GDW 10207.1—2016《1000kV 变电设备检修导则　第 1 部分：油浸式变压器、并联电抗器》。

标准差异化执行意见：

（1）DL/T 573—2010《电力变压器检修导则》中 10.5.2 条："接线端子绝缘，2500V 绝缘电阻表测量绝缘电阻应大于 1MΩ，或用工频耐压试验 AC 2000V 1min 应不击穿。"建议执行 DL/T 540—2013《气体继电器检验规程》中 7.2.2 条规定："出线端子对地以及无电气联系的出线端子间，用工频电压 1000V 进行 1min 介质强度试验，或用 2500V 绝缘电阻表进行 1min 介质强度试验，无击穿、闪络；采用 2500V 绝缘电阻表在耐压试验前后测量绝缘电阻应不小于 10MΩ。"

原因分析：气体继电器运行过程中因端子绝缘下降导致误动的情况时有发生，运行过程中应结合检修开展出线端子绝缘测试，采用 2500V 绝缘电阻表测量绝缘电阻应不小于 10MΩ。

（2）Q/GDW 10207.1—2016《1000kV 变电设备检修导则　第 1 部分：油

浸式变压器、并联电抗器》中 6.3.13 条："油浸式变压器或并联电抗器真空滤油完毕后应进行静置，排气后方可投入运行。静置时间为 96h（或按照厂家技术要求执行），每 24h 进行一次排气。"建议执行 Q/GDW 1322—2015，静置时间不少于 168h。

原因分析：Q/GDW 1322—2015《1000kV 交流电气设备预防性试验规程》5.4 条中要求"若制造厂无规定静置时间，1000kV 设备静置时间不小于 168h"，《国家电网公司关于印发电网设备技术标准差异条款统一意见的通知》（国家电网科〔2017〕549 号）中指出"特高压设备内部结构更为复杂，体积更为庞大，需要有足够时间，确保绝缘油充分浸渍、气体析出，特高压充油设备绝缘耐受试验前静置时间不少于 168h"。因此建议变压器检修后的静置时间与绝缘耐受试验前静置时间应保持一致。

4. 现场试验类

变压器现场试验标准主要包括变压器交接试验和运行过程中的例行试验、故障诊断试验及带电检测类标准。750kV 及以下交流变压器交接试验应执行 GB 50150—2016《电气装置安装工程　电气设备交接试验标准》，但绕组连同套管的长时感应电压试验带局部放电测量要求应执行支撑标准 Q/GDW 11447—2015《10kV～500kV 输变电设备交接试验规程》；1000kV 电压等级交流变压器交接试验应执行 GB/T 50832—2013《1000kV 系统电气装置安装工程电气设备交接试验标准》。

750kV 及以下交流变压器投运后设备巡检、检查和试验的项目、周期和技术要求应执行 Q/GDW 1168—2013《输变电设备状态检修试验规程》，1000kV 特高压变压器（电抗器）在运行中预防性试验的项目、要求和判断标准应执行 Q/GDW 1322—2015《1000kV 交流电气设备预防性试验规程》。

变压器现场密封、绕组变形、铁心接地电流测试、油中溶解气体分析等试验方法及要求应执行 DL/T 264、DL/T 911、DL/T 1093、Q/GDW 11368、DL/T 722 等支撑标准。

标准差异化执行意见：

GB/T 50832—2013《1000kV 系统电气装置安装工程电气设备交接试验标准》中 3.0.8 条："测量铁心及夹件的绝缘电阻应符合下列规定，应使用 2500V 绝缘电阻表进行测量，持续时间为 1min，应无异常。"建议执行 Q/GDW 1168—2013《输变电设备状态检修试验规程》表 2"铁心绝缘电阻"，新投运变压器铁心绝缘电阻注意值为 1000MΩ。

原因分析：Q/GDW 1168—2013《输变电设备状态检修试验规程》中 5.1.1.7 条："绝缘电阻测量采用 2500V（老旧变压器 1000V）绝缘电阻表。除注意绝缘电阻的大小外，要特别注意绝缘电阻的变化趋势。夹件引出接地的，应分别测量铁心对夹件及夹件对地绝缘电阻。"测量铁心和夹件的绝缘电阻，能有效发现其绝缘薄弱环节，对变压器的安全稳定运行具有重要意义，明确绝缘电阻注意值，更便于执行。

5. 状态评价类

110（66）～750kV的交流油浸式变压器（电抗器）状态评价和状态检修工作应执行 DL/T 1685—2017《油浸式变压器（电抗器）状态评价导则》和 DL/T 1684—2017《油浸式变压器（电抗器）状态检修导则》。状态评价导则与状态检修导则一般配套使用，国家电网公司企业标准中含有 Q/GDW 10169—2016《油浸式变压器（电抗器）状态评价导则》和 Q/GDW 170—2008《油浸式变压器（电抗器）状态检修导则》，鉴于 Q/GDW 170—2008 发布时间比较久，有些条款已经不适用电网发展现状，所以将这两个企业标准列为支撑标准。35kV 变压器的状态评价和状态检修应分别执行支撑标准 Q/GDW 10605—2016、Q/GDW 604—2011。

标准差异化执行意见：

（1）DL/T 1684—2017《油浸式变压器（电抗器）状态检修导则》中 4.3 条："老旧设备检修：对于运行时间超过 30 年的老旧设备，按照 DL/T 984 开展相应项目检测及评价，宜根据厂家要求，结合设备运行状况及评价结果，对检修计划及内容进行调整。"建议执行 Q/GDW 170—2008《油浸式变压器（电抗器）状态检修导则》中 3.4 条："老旧设备的状态检修：对于运行 20 年以上的设备，宜根据设备运行及评价结果，对检修计划及内容进行调整"。

原因分析：《国家电网公司十八项电网重大反事故措施（修订版）》（国家电网生〔2012〕352 号）中 9.2.3.3 条："对于运行超过 20 年的薄绝缘、铝线圈变压器，不宜对本体进行改造性大修，也不宜进行迁移安装，应加强技术监督工作并逐步安排更新改造。"运行超过 20 年的变压器普遍存在绝缘强度、抗短路能力、损耗高、噪声高和负载能力不足的问题，运行超过 20 年的变压器定义为老旧设备更为合理。

（2）DL/T 1684—2017《油浸式变压器（电抗器）状态检修导则》中 5 条有关"检修时间"相关规定建议补充执行 Q/GDW 11247—2014《油浸式变压器（电抗器）检修决策导则》以下条款：1）第 6.5 条需"立即"安排的检修，检修工作应于 24h 内实施或设备退出运行；若属于停电检修时发现的设备缺陷或异常，则应在设备重新投运前实施检修；2）第 6.6 条需"尽快"安排的检修，检修工作应于 1 月内实施检修；3）第 6.7 条需"适时"安排的检修，若需停电处理，则宜在 C 类检修最长周期内实施检修；若不需要停电处理，宜在 1 至 6

个月内实施检修。

原因分析：Q/GDW 11247—2014《油浸式变压器（电抗器）检修决策导则》对检修的实效性进行了规定，更便于现场执行。

（3）DL/T 1684—2017《油浸式变压器（电抗器）状态检修导则》建议补充执行 Q/GDW 11247—2014《油浸式变压器（电抗器）检修决策导则》附录 A（资料性附件）中的"变压器（电抗器）检修决策范例"。

原因分析：Q/GDW 11247—2014《油浸式变压器（电抗器）检修决策导则》附录提供了变压器（电抗器）A、B、C、D 四种类别检修策略的范例，为状态检修工作中制定检修策略提供参考。

6. 技术监督类

油浸式电力变压器（电抗器）可研规划、工程设计、设备采购、设备制造、设备验收、运输储存、安装调试、竣工验收、运维检修和退役报废等全过程技术监督应执行 Q/GDW 11085—2013《油浸式电力变压器（电抗器）技术监督导则》。该标准对设备异常的检测、评估、分析、告警和整改的过程监督工作提出了具体要求，SF_6 气体变压器、35kV 及以下油浸式变压器可参照执行。

油浸式变压器的可研初设审查、厂内验收、启动投运验收等验收工作内容及要求应执行支撑标准 Q/GDW 11651.1—2017《变电站设备验收规范　第 1 部分：油浸式变压器》。

第二章

站用变压器技术标准执行指导意见

扫一扫
视频二维码

一、范围

本指导意见包含了站用变压器本体及附属设备的性能参数、技术要求、测试项目及方法、运维检修、现场试验、状态评价、技术监督等相关技术标准。适用于站用变压器，用于指导公司系统站用变压器的检修、试验和技术监督等工作。

二、标准体系概况

本指导意见针对电力变压器相关国家标准、行业标准、企业标准进行梳理，共梳理各类标准 39 项，分类形成主标准 11 项，从标准 14 项，支撑标准 14 项。

（一）主标准

站用变压器主标准是站用变压器设备的技术规范、技术条件类标准，包括设备额定参数值、设计与结构、型式试验/出厂试验项目及要求等内容。站用变压器主标准共 11 项，标准清单详见表 2-1。

表 2-1 站用变压器设备主标准清单

序号	标准号	标准名称
1	GB/T 1094.1—2013	电力变压器　第 1 部分：总则
2	GB/T 1094.2—2013	电力变压器　第 2 部分：液浸式变压器的温升
3	GB/T 1094.3—2017	电力变压器　第 3 部分：绝缘水平、绝缘试验和外绝缘空气间隙
4	GB/T 1094.4—2005	电力变压器　第 4 部分：电力变压器和电抗器的雷电冲击和操作冲击试验导则
5	GB/T 1094.5—2008	电力变压器　第 5 部分：承受短路的能力
6	GB/T 1094.7—2008	电力变压器　第 7 部分：油浸式电力变压器负载导则
7	GB/T 1094.10—2003	电力变压器　第 10 部分：声级测定
8	GB/T 1094.11—2007	电力变压器　第 11 部分：干式变压器
9	GB/T 1094.12—2013	电力变压器　第 12 部分：干式电力变压器负载导则
10	GB/T 6451—2015	油浸式电力变压器技术参数和要求
11	GB/T 10228—2015	干式电力变压器技术参数和要求

1. GB/T 1094.1—2013《电力变压器 第 1 部分：总则》

本标准适用于三相及单相变压器（包括自耦变压器），但不包括某些小型和特殊变压器。当某些类型的变压器（尤其是所有绕组电压均不高于 1000V 的工业用特种变压器）没有相应的标准时，本标准可以整体或部分适用。

2. GB/T 1094.2—2013《电力变压器 第 2 部分：液浸式变压器的温升》

本标准规定了变压器冷却方式的标志、变压器温升限值及温升试验方法，适用于油浸式变压器。

3. GB/T 1094.3—2017《电力变压器 第 3 部分：绝缘水平、绝缘试验和外绝缘空气间隙》

本标准详述了所采用的有关绝缘试验和套管带电部分之间及它们对地的最小空气绝缘间隙，适用于 GB/T 1094.1 所规定的单相和三相油浸式电力变压器（包括自耦变压器）。对于某些有各自标准的电力变压器和电抗器类产品，本标准只有在被这些产品标准明确引用时才适用。

4. GB/T 1094.4—2005《电力变压器 第 4 部分：电力变压器和电抗器的雷电冲击和操作冲击试验导则》

本标准对电力变压器的雷电冲击和操作冲击试验的现行方法提供一个准则，并作一些说明，以作为 GB/T 1094.3 的补充。本标准包括波形、连同试验接线在内的试验回路、试验时接地的实施、故障探测方法、试验程序、测量技术以及试验结果的判断等方面。

5. GB/T 1094.5—2008《电力变压器 第 5 部分：承受短路的能力》

本标准规定了电力变压器在由外部短路引起的过电流作用下应无损伤的要求。本标准叙述了表征电力变压器承受这种过电流的耐热能力的计算程序和承受相应的动稳定能力的特殊试验和理论评估方法。本标准适用于 GB/T 1094.1 所规定范围内的变压器。

6. GB/T 1094.7—2008《电力变压器 第 7 部分：油浸式电力变压器负载导则》

本标准阐述了变压器在不同环境温度和负载条件下的运行对其寿命的影响，从运行温度和热老化观点提供了电力变压器的规范和负载导则。适用于油浸式变压器。

7. GB/T 1094.10—2003《电力变压器 第 10 部分：声级测定》

本标准规定了声压和声强的测量方法，并以此来确定变压器、电抗器及其所安装的冷却设备的声功率级。

8. GB/T 1094.11—2007《电力变压器 第 11 部分：干式变压器》

本标准适用于设备最高电压为 40.5kV 及以下，且至少有一个绕组是在高于

1.1kV 运行时的干式电力变压器（包括自耦变压器）。本部分适用于各种结构、工艺的干式变压器。

9. GB/T 1094.12—2013《电力变压器　第 12 部分：干式电力变压器负载导则》

本标准适用于 GB 1094.11 规定范围内的干式变压器。本部分提供了干式变压器绝缘老化率和寿命损失的估算方法，该方法把变压器绝缘的老化率和寿命损失表示为变压器的运行温度、时间和负载的函数。

10. GB/T 6451—2015《油浸式电力变压器技术参数和要求》

本标准规定了油浸式电力变压器的性能参数、技术要求、检测规则及方法、标志、起吊、包装、运输和贮存。适用于额定容量为 30kVA 及以上，额定频率为 50Hz，电压等级为 6、10、35、66、110、220、330kV 和 500kV 的三相油浸式电力变压器和电压等级为 500kV 的单相油浸式电力变压器。

11. GB/T 10228—2015《干式电力变压器技术参数和要求》

本标准规定了三相干式电力变压器的性能参数、技术要求、检验规则及方法、标志、包装、运输和贮存。本标准适用于电压等级为 6、10、20kV 及 35kV，额定频率为 50Hz，额定容量为 30～25000kVA，户内使用的无励磁调压或有载调压三相干式电力变压器。其他额定容量的产品可参考使用本标准。本标准不适用于充气式变压器。

（二）从标准

站用变压器从标准是指站用变压器设备在运维检修、现场试验、状态评价、技术监督等方面应执行的技术标准。站用变压器从标准包括以下分类：部件元件类、原材料类、运维检修类、现场试验类、状态评价类及技术监督类。变压器从标准共 14 项，标准清单详见表 2-2。

表 2-2　　　　　　　　站用变压器设备从标准清单

标准分类	序号	标准号	标准名称
部件元件类	1	JB/T 5347—2013	变压器用片式散热器
	2	GB/T 10230.1—2007	分接开关　第 1 部分：性能要求和试验方法
	3	DL/T 1539—2016	电力变压器（电抗器）用高压套管选用导则
原材料类	1	GB 2536—2011	电工流体变压器油和开关用的未使用过的矿物绝缘油
	2	DL/T 1388—2014	电力变压器用电工钢带选用导则
	3	DL/T 1387—2014	电力变压器用绕组线选用导则

标准分类	序号	标准号	标准名称
运维检修类	1	DL/T 572—2010	电力变压器运行规程
	2	DL/T 573—2010	电力变压器检修导则
	3	DL/T 574—2010	变压器分接开关运行维修导则
现场试验类	1	GB 50150—2016	电气装置安装工程电气设备交接试验标准
	2	Q/GDW 1168—2013	输变电设备状态检修试验规程
状态评价类	1	Q/GDW 604—2011	35kV 油浸式变压器（电抗器）状态检修导则
	2	Q/GDW 10605—2016	35kV 油浸式变压器（电抗器）状态评价导则
技术监督类	1	Q/GDW 11085—2013	油浸式电力变压器（电抗器）技术监督导则

（三）支撑标准

站用变压器支撑标准是支撑上述主、从标准中相关条款的国家标准、行业标准、企业标准等相关标准。站用变压器支撑标准共 14 项，其中，主标准的支撑标准 3 项，从标准支撑标准 11 项。站用变压器支撑标准清单详见表 2-3。

表 2-3　　　　　　　　站用变压器设备支撑标准清单

序号	标准号	标准名称	支撑类别
1	GB/T 17468—2008	电力变压器选用导则	主标准
2	GB/T 13499—2002	电力变压器应用导则	主标准
3	GB/T 1094.101—2008	电力变压器 第10.1部分：声级测定 应用导则	主标准
4	JB/T 7065—2015	变压器用压力释放阀	从标准部件元件类
5	JB/T 9647—2014	变压器用气体继电器	从标准部件元件类
6	JB/T 6302—2016	变压器用油面温控器	从标准部件元件类
7	JB/T 5345—2016	变压器用蝶阀	从标准部件元件类
8	JB/T 11493—2013	变压器用闸阀	从标准部件元件类
9	DL/T 1538—2016	电力变压器用真空有载分接开关使用导则	从标准部件元件类
10	DL/T 1094—2018	电力变压器用绝缘油选用导则	从标准原材料类
11	GB/T 14542—2017	变压器油维护管理导则	从标准运维检修类

序号	标准号	标准名称	支撑类别
12	DL/T 265—2012	变压器有载分接开关现场试验导则	从标准现场试验类
13	GB/T 7595—2017	运行中变压器油质量	从标准现场试验类
14	DL 722—2014	变压器油中溶解气体分析和判断导则	从标准现场试验类

三、标准执行说明

（一）主标准

站用变压器的使用条件、额定值、联结组标号、铭牌、试验等应执行 GB/T 1094.1—2013《电力变压器 第 1 部分：总则》。

油浸式站用变压器冷却方式的标志、变压器温升限值及温升试验方法应执行 GB/T 1094.2—2013《电力变压器 第 2 部分：液浸式变压器的温升》。

站用变压器所采用的有关绝缘试验和套管带电部分之间及它们对地的最小空气绝缘间隙应执行 GB/T 1094.3—2017《电力变压器 第 3 部分：绝缘水平、绝缘试验和外绝缘空气间隙》。

站用变压器及其所安装的冷却设备的声功率级应执行 GB/T 1094.10—2003《电力变压器 第 10 部分：声级测定》。

设备最高电压为 40.5kV 及以下，且至少有一个绕组是在高于 1.1kV 时运行的干式站用变压器应执行 GB/T 1094.11—2007《电力变压器 第 11 部分：干式变压器》。

干式站用变压器绝缘老化率和寿命损失的估算方法应执行 GB/T 1094.12—2013《电力变压器 第 12 部分：干式电力变压器负载导则》。

油浸式站用变压器的性能参数、技术要求、检测规则及方法、标志、起吊、包装、运输和贮存等内容应执行 GB/T 6451—2015《油浸式电力变压器技术参数和要求》。

干式站用变压器的性能参数、技术要求、检测规则及方法、标志、包装、运输和贮存应执行 GB/T 10228—2015《干式电力变压器技术参数和要求》。

（二）从标准

1. 部件元件类

站用变压器片式散热器的基本参数、技术要求、试验方法及检验规则等应执行 JB/T 5347—2013《变压器用片式散热器》。

站用变压器分接开关的技术要求应执行 GB/T 10230.1—2007《分接开关

第 1 部分：性能要求和试验方法》。

站用变压器套管的选用原则、技术要求、试验项目和试验方法等应执行
DL/T 1539—2016《电力变压器（电抗器）用高压套管选用导则》。

2. 原材料类

站用变压器原材料主要包括绝缘油、电工钢带和绕组线。

站用变压器新油的技术要求应执行 GB 2536—2011《电工流体变压器油和开
关用的未使用过的矿物绝缘油》。

站用变压器用电工钢带的选用原则、技术要求、试验项目、标志等应执行
DL/T 1388—2014《电力变压器用电工钢带选用导则》。

站用变压器用绕组线的技术要求、检验项目及要求等应执行 DL/T 1387—
2014《电力变压器用绕组线选用导则》。

3. 运维检修类

变压器现场试验标准主要包括变压器交接试验和运行过程中的例行试验、
故障诊断试验及带电检测类标准。

站用变压器运行的基本要求、运行条件、运行维护、不正常运行和处理以
及安装等要求应执行 DL/T 572—2010《电力变压器运行规程》。

站用变压器大修、小修项目，以及常见缺陷处理、例行检查与维护方法等
应执行 DL/T 573—2010《电力变压器检修导则》，该标准适用于电压 35～
500kV 等级的油浸式电力变压器，气体绝缘变压器、油浸式电抗器等可参照本
标准并结合制造厂的规定执行。

站用变压器使用的分接开关的验收与运行维修要求应执行 DL/T 574—2010
《变压器分接开关运行维修导则》。

4. 现场试验类

站用变压器交接试验应执行 GB 50150—2016《电气装置安装工程电气设备
交接试验标准》。

交流、直流电网中各类高压电气设备巡检、检查和试验的项目、周期和技
术要求应执行 Q/GDW 1168—2013《输变电设备状态检修试验规程》。

5. 状态评价类

油浸式站用变压器（电抗器）的状态检修标准应执行 Q/GDW 604—2011
《35kV 油浸式变压器（电抗器）状态检修导则》。

油浸式站用变压器（电抗器）的状态评价标准应执行 Q/GDW 10605—2016
《35kV 油浸式变压器（电抗器）状态评价导则》。

6. 技术监督类

油浸式站用变压器（电抗器）规划可研、工程设计、设备采购、设备制造、

设备验收、设备运输、安装调试、竣工验收、运维检修和退役报废等全过程技术监督应执行 Q/GDW 11085—2013《油浸式电力变压器（电抗器）技术监督导则》。该标准对设备异常的检测、评估、分析、告警和整改的过程监督工作提出了具体要求，35kV 及以下油浸式站用变压器可参照执行。

第三章

干式电抗器技术标准执行指导意见

扫一扫
视频二维码

一、范围

本指导意见包含了干式电抗器本体及附属设备的性能参数、技术要求、测试项目及方法、运维检修、现场试验、状态评价、技术监督等相关技术标准。适用于 10～66kV 电压等级干式电抗器，用于指导公司系统 10～66kV 干式电抗器的检修、试验和技术监督等工作。

二、标准体系概况

本指导意见针对干式电抗器相关国家标准、行业标准、企业标准进行梳理，共梳理各类标准 13 项，分类形成主标准 2 项，从标准 8 项，支撑标准 3 项。

（一）主标准

干式电抗器主标准是干式电抗器设备的技术规范、技术条件类标准，包括设备额定参数值、设计与结构、型式试验/出厂试验项目及要求等内容。干式电抗器主标准共 2 项，标准清单详见表 3-1。

表 3-1　　　　　　　　　　干式电抗器设备主标准清单

序号	标准号	标准名称
1	GB/T 1094.6—2011	电力变压器　第 6 部分：电抗器
2	JB/T 10775—2007	6kV～35kV 级干式并联电抗器技术参数和要求

1. GB/T 1094.6—2011《电力变压器　第 6 部分：电抗器》

本标准规定了使用条件、额定值、温升、绝缘水平、铭牌、试验技术要求，适用于干式并联电抗器、串联电抗器（含限流电抗器）、中性点接地电抗器。

2. JB/T 10775—2007《6kV～35kV 级干式并联电抗器技术参数和要求》

本标准规定了性能参数、技术要求、试验方法及检验规则，适用于电压等级为 6～35kV、额定频率为 50Hz、并联在系统中的、主要用以补偿电容电流的干式并联电抗器。

（二）从标准

干式电抗器从标准是指干式电抗器设备在运维检修、现场试验、状态评价、技术监督等方面应执行的技术标准。干式电抗器从标准包括以下分类：现场试验类、状态评价类、技术监督类。干式电抗器从标准共 8 项，标准清单详见表 3 - 2。

表 3 - 2　　　　　　　　　干式电抗器设备从标准清单

标准分类	序号	标准号	标准名称
现场试验类	1	GB 50150—2016	电气装置安装工程电气设备交接试验标准
	2	Q/GDW 11447—2015	10kV～500kV 输变电设备交接试验规程
	3	Q/GDW 1168—2013	输变电设备状态检修试验规程
状态评价类	1	Q/GDW 10599—2017	干式并联电抗器状态评价导则
	2	Q/GDW 598—2011	干式并联电抗器状态检修导则
	3	Q/GDW 451—2010	并联电容器装置（集合式电容器装置）状态检修导则
	4	Q/GDW 10452—2016	并联电容器装置状态评价导则
技术监督类	1	Q/GDW 11077—2013	干式电抗器技术监督导则

（三）支撑标准

干式电抗器支撑标准是支撑上述主、从标准中相关条款的国家标准、行业标准、企业标准等相关标准。干式电抗器支撑标准共 3 项，其中，主标准的支撑标准 3 项。干式电抗器支撑标准清单详见表 3 - 3。

表 3 - 3　　　　　　　　　干式电抗器设备支撑标准清单

序号	标准号	标准名称	支撑类别
1	DL/T 462—1992	高压并联电容器用串联电抗器定货技术条件	主标准
2	JB/T 5346—2014	高压并联电容器用串联电抗器	主标准
3	DL/T 1284—2013	500kV 干式空心限流电抗器使用导则	主标准

三、标准执行说明

（一）主标准

干式并联电抗器、串联电抗器（含限流电抗器）、中性点接地电抗器的使用条件、额定值、温升、绝缘水平、铭牌、试验等技术要求应执行 GB/T 1094.6—2011《电力变压器　第 6 部分：电抗器》。

6～35kV 干式并联电抗器的性能参数、技术要求、试验方法及检验规则等应执行 JB/T 10775—2007《6kV～35kV 级干式并联电抗器技术参数和要求》。

标准差异化执行意见：

（1）GB/T 1094.6—2011《电力变压器　第 6 部分：电抗器》中 7.5 条规定：并联电抗器在最高运行电压下的温升限值应符合 GB 1094.11，即每个绕组的温升，绝缘系统温度为 130（B）、155（F）和 180（H）℃时，额定电流下的绕组平均温升限值分别为 80、100、125K。JB/T 10775—2007《6kV～35kV 级干式并联电抗器技术参数和要求》中 6.4 条："考虑到干式并联电抗器绕组温度的不均匀性，其在 1.1U_r 的平均温升，绝缘耐热等级 B、F、H 级，干式空心并联电抗器分别为 55、75、100℃。"建议执行 JB/T 10775—2007《6kV～35kV 级干式并联电抗器技术参数和要求》中 6.4 条。

原因分析：考虑到干式并联电抗器绕组温度的不均匀性，并按照从严执行，建议执行 JB/T 10775—2007《6kV～35kV 级干式并联电抗器技术参数和要求》中 6.4 条。

（2）对于干式空心电抗器的额定工频耐受电压水平，GB/T 1094.6—2011《电力变压器　第 6 部分：电抗器》规定，设备最高电压（方均根值）为 7.2、12、40.5kV 时，并联电抗器额定工频耐受电压（方均根值）为 25、35、85kV。而 JB/T 10775—2007《6kV～35kV 级干式并联电抗器技术参数和要求》中 6.2 条："干式空心并联电抗器的绝缘水平：设备最高电压（方均根值）为 7.2、12、40.5kV 时，额定工频耐受电压（方均根值）为 35、45、100kV。"建议执行 JB/T 10775—2007《6kV～35kV 级干式并联电抗器技术参数和要求》中 6.2 条。

原因分析：GB/T 1094.6—2011《电力变压器　第 6 部分：电抗器》全部按照干式铁心电抗器的情况进行考核，并未区分考虑干式空心电抗器，建议从严执行。

（二）从标准

1. 现场试验类

干式电抗器现场试验标准主要包括干式电抗器交接试验和运行过程中的例行试验、诊断性试验及带电检测类标准。

干式空心电抗器交接试验应执行 GB 50150—2016《电气装置安装工程电气设备交接试验标准》。干式铁心电抗器交接试验中的绕组连同套管的直流电阻，绕组连同套管的绝缘电阻、吸收比或极化指数，绕组连同套管的交流耐压试验和额定电压下冲击合闸试验项目应执行 GB 50150—2016《电气装置安装工程电气设备交接试验标准》；干式铁心电抗器交接试验中的穿芯螺栓、夹件、绑扎钢带、铁心、线圈压环及屏蔽等绝缘电阻试验项目应执行 Q/GDW 11447—2015《10kV～500kV 输变电设备交接试验规程》。

干式电抗器投运后设备巡检、检查和试验的项目、周期和技术要求应执行 Q/GDW 1168—2013《输变电设备状态检修试验规程》。

标准差异化执行意见：

Q/GDW 11447—2015《10kV～500kV 输变电设备交接试验规程》中 6.2

条："绕组连同套管的直流电阻值，1.6MVA 以上变压器，各相绕组电阻相互间的差别，不应大于三相平均值的 2%；1.6MVA 及以下变压器，各相间差别一般不应大于三相平均值的 4%。"GB 50150—2016《电气装置安装工程电气设备交接试验标准》中 9.0.3 条："三相电抗器绕组直流电阻值相互间差值不应大于三相平均值的 2%；对于立式布置的干式空心电抗器绕组直流电阻值，可不进行三相间的比较。"建议执行 GB 50150—2016《电气装置安装工程电气设备交接试验标准》中 9.0.3 条。

原因分析：考虑到立式布置的干式空心电抗器的特殊性，并按照从严执行，建议执行 GB 50150—2016《电气装置安装工程电气设备交接试验标准》中 9.0.3 条。

2. 状态评价类

10～66kV 的交流干式并联电抗器状态评价和状态检修工作应执行 Q/GDW 10599—2017《干式并联电抗器状态评价导则》和 Q/GDW 598—2011《干式并联电抗器状态检修导则》。状态评价导则与状态检修导则一般配套使用。

10～35kV 的并联电容器装置中的串联干式电抗器状态评价和状态检修工作应执行 Q/GDW 451—2010《并联电容器装置（集合式电容器装置）状态检修导则》和 Q/GDW 10452—2016《并联电容器装置状态评价导则》。状态评价导则与状态检修导则一般配套使用。

3. 技术监督类

10～110kV 交流干式电抗器可研规划、工程设计、设备采购、设备制造、设备验收、运输储存、安装调试、竣工验收、运维检修和退役报废等全过程技术监督，技术监督预警与告警，技术档案管理，技术监督保障体系等内容及要求应执行 Q/GDW 11077—2013《干式电抗器技术监督导则》。

第四章

高压套管技术标准执行指导意见

扫一扫
视频二维码

一、范围

本指导意见包含了高压套管本体及附属设备的性能参数、技术要求、测试项目及方法、现场试验、状态评价等相关技术标准。适用于电压高于 1000V 交流系统中的变压器、开关等电力设备和装置的高压套管以及直流系统所有电压等级的户外和户内套管（不含穿墙套管）。用于指导公司系统高压套管的检修、试验及技术监督等工作。

二、标准体系概况

本指导意见针对高压套管相关国家标准、行业标准、企业标准进行梳理，共梳理各类标准 39 项，分类形成主标准 2 项，从标准 29 项，支撑标准 8 项。

（一）主标准

高压套管主标准是高压套管设备的技术规范、技术条件类标准，包括设备特性与各类试验项目及要求等内容。高压套管主标准共 2 项，标准清单详见表 4-1。

表 4-1　　　　　　　　　　　高压套管设备主标准清单

序号	标准号	标准名称
1	GB/T 4109—2008	交流电压高于 1000V 的绝缘套管
2	GB/T 22674—2008	直流系统用套管

（1）GB/T 4109—2008《交流电压高于 1000V 的绝缘套管》规定了交流套管的额定值、运行条件、试验项目及要求、运输存放规则等内容，适用于电压高于 1000V 的变压器、开关等电力设备和装置中使用的套管。

（2）GB/T 22674—2008《直流系统用套管》规定了直流套管的额定值、运行条件、试验项目及要求等内容。适用于直流系统所有电压等级的户外和户内套管，包括电容式及气体绝缘套管，主要用于换流变压器和平波电抗器。

（二）从标准

高压套管从标准是指高压套管设备在运维检修、现场试验、状态评价、技术监督等方面应执行的技术标准。高压套管从标准包括以下分类：部件元件类、原材料类、现场试验类、状态评价类。高压套管从标准共 29 项，标准清单详见表 4 - 2。

表 4 - 2　　　　　　　　　　　　高压套管设备从标准清单

标准分类	序号	标准号	标准名称
部件元件类	1	Q/GDW 11556—2016	电容式套管绝缘在线监测装置技术规范
原材料类	1	GB 2536—2011	电工流体 变压器和开关用的未使用过的矿物绝缘油
	2	GB/T 12022—2014	工业六氟化硫
	3	DL/T 1366—2014	电力设备用六氟化硫气体
	4	Q/GDW 1859—2012	SF₆ 气体回收净化处理工作规程
现场试验类	1	Q/GDW1168—2013	输变电设备状态检修试验规程
	2	GB 50150—2016	电气装置安装工程电气设备交接试验标准
	3	DL/T 1140—2012	六氟化硫电气设备中气体管理和检测导则
	4	DL/T 1205—2013	六氟化硫电气设备分解产物试验方法
	5	DL/T 259—2012	六氟化硫气体密度继电器校验规程
	6	DL/T 914—2005	六氟化硫气体湿度测定法（重量法）
	7	DL/T 915—2005	六氟化硫气体湿度测定法（电解法）
	8	DL/T 916—2005	六氟化硫气体酸度测定法
	9	DL/T 917—2005	六氟化硫气体密度测定法
	10	DL/T 918—2005	六氟化硫气体中可水解氟化物含量测定法
	11	DL/T 919—2005	六氟化硫气体中矿物油含量测定法（红外光谱分析法）
	12	DL/T 920—2005	六氟化硫气体中空气、四氟化碳的气相色谱测定法
	13	DL/T 921—2005	六氟化硫气体毒性生物试验方法
	14	DL/T 1032—2006	电气设备用六氟化硫（SF₆）气体取样方法
	15	Q/GDW 11096—2013	SF₆ 气体分解产物气相色谱分析方法
	16	DL/T 1140—2012	电气设备六氟化硫激光检漏仪通用技术条件
	17	Q/GDW 470—2010	六氟化硫回收回充及净化处理装置技术规范
	18	Q/GDW 11743—2017	±1100kV 特高压直流设备交接试验
	19	Q/GDW 1322—2015	1000kV 交流电气设备预防性试验规程
	20	GB/T 50832—2013	1000kV 系统电气装置安装工程电气设备交接试验标准
状态评价类	1	DL/T 1685—2017	油浸式变压器（电抗器）状态评价导则
	2	DL/T 1684—2017	油浸式变压器（电抗器）状态检修导则
	3	DL/T 1688—2017	气体绝缘金属封闭开关设备状态评价导则
	4	DL/T 1689—2017	气体绝缘金属封闭开关设备状态检修导则

（三）支撑标准

高压套管支撑标准是支撑上述主、从标准中相关条款的国家标准、行业标准、企业标准等相关标准。高压套管支撑标准共 8 项，其中，主标准的支撑标准 6 项，从标准的支撑标准 2 项。高压套管支撑标准清单详见表 4-3。

表 4-3　　　　　　　　　高压套管设备支撑标准清单

序号	标准号	标准名称	支撑类别
1	GB/T 24840—2018	1000kV 交流系统用套管技术规范	主标准
2	DL/T 865—2004	126kV～550kV 电容式瓷套管技术规范	主标准
3	Q/GDW 1281—2015	±800kV 换流站用直流套管技术规范	主标准
4	Q/GDW 11670—2017	±1100kV 高压直流输电用换流变压器阀侧套管技术规范	主标准
5	DL/T 1539—2016	电力变压器（电抗器）用高压套管选用导则	主标准
6	GB/T 13026—2017	交流电容式套管型式与尺寸	主标准
7	GB/T 24624—2009	绝缘套管油为主绝缘（通常为纸）浸渍介质套管中溶解气体分析（DGA）的判断导则	从标准现场试验类
8	DL/T 1359—2014	六氟化硫电气设备故障气体分析和判断方法	从标准现场试验类

三、标准执行说明

（一）主标准

交流高压套管的额定值、使用条件、试验、运行条件应执行 GB/T 4109—2008《交流电压高于 1000V 的绝缘套管》。1000kV 交流系统用套管的技术参数、试验、运行条件应执行 GB/T 24840—2018《1000kV 交流系统用套管技术规范》。

直流高压套管的额定值、使用条件、试验、运行条件应执行 GB/T 22674—2008《直流系统用套管》。±800kV 换流站用直流套管的额定值、试验、运行条件应执行 Q/GDW 1281—2015《±800kV 换流站用直流套管技术规范》。±1100kV 高压直流输电用换流变压器阀侧套管的使用条件、技术要求、试验应执行 Q/GDW 11670—2017《±1100kV 高压直流输电用换流变压器阀侧套管技术规范》。

（二）从标准

1. 部件元件类

部件元件类主要包含组成设备本体的部件、元件及附属设施的技术要求。

高压套管在线监测装置的技术要求应执行 Q/GDW 11556—2016《电容式套

管绝缘在线监测装置技术规范》。

2. 原材料类

高压套管原材料主要包括绝缘油、六氟化硫气体等。

高压套管新油的技术要求应执行 GB 2536—2011《电工流体 变压器和开关用的未使用过的矿物绝缘油》。

高压套管六氟化硫气体的技术要求应执行 GB/T 12022—2014《工业六氟化硫》、DL/T 1366—2014《电力设备用六氟化硫气体》、Q/GDW 1859—2012《SF_6 气体回收净化处理工作规程》。

3. 现场试验类

高压套管现场试验标准主要包括高压套管交接试验和运行过程中的例行试验、故障诊断试验及带电检测类标准。

750kV 及以下交流高压套管交接试验应执行 GB 50150—2016《电气装置安装工程电气设备交接试验标准》。

1000kV 交流高压套管交接试验应执行 GB/T 50832—2013《1000kV 系统电气装置安装工程电气设备交接试验标准》

±1100kV 特高压直流套管交接试验应执行 Q/GDW 11743—2017《±1100kV特高压直流设备交接试验》。

750kV 及以下交流高压套管投运后设备巡检、检查和试验的项目、周期和技术要求应执行 Q/GDW1168—2013《输变电设备状态检修试验规程》。

1000kV 交流高压套管预防性试验应执行 Q/GDW 1322—2015《1000kV 交流电气设备预防性试验规程》。

对于六氟化硫气体检测、现场试验及装置类标准应执行以下标准：DL/T 1140—2012《电气设备六氟化硫激光检漏仪通用技术条件》、GB/T 8905—2012《六氟化硫电气设备中气体管理和检测导则》、DL/T 1205—2013《六氟化硫电气设备分解产物试验方法》、DL/T 259—2012《六氟化硫气体密度继电器校验规程》、DL/T 914—2005《六氟化硫气体湿度测定法（重量法）》、DL/T 915—2005《六氟化硫气体湿度测定法（电解法）》、DL/T 916—2005《六氟化硫气体酸度测定法》、DL/T 917—2005《六氟化硫气体密度测定法》、DL/T 918—2005《六氟化硫气体中可水解氟化物含量测定法》、DL/T 919—2005《六氟化硫气体中矿物油含量测定法（红外光谱分析法）》、DL/T 920—2005《六氟化硫气体中空气、四氟化碳的气相色谱测定法》、DL/T 921—2005《六氟化硫气体毒性生物试验方法》、DL/T 1032—2006《电气设备用六氟化硫（SF_6）气体取样方法》、Q/GDW 11096—2013《SF_6 气体分解产物气相色谱分析方法》、Q/GDW 470—2010《六氟化硫回收回充及净化处理装置技术规范》。

4. 状态评价类

用于变压器（电抗器）的高压套管状态评价和状态检修工作应执行 DL/T 1685—2017《油浸式变压器（电抗器）状态评价导则》和 DL/T 1684—2017《油浸式变压器（电抗器）状态检修导则》。

用于气体绝缘金属封闭开关设备的高压套管状态评价和状态检修工作应执行 DL/T 1688—2017《气体绝缘金属封闭开关设备状态评价导则》和 DL/T 1689—2017《气体绝缘金属封闭开关设备状态检修导则》。

第五章

穿墙套管技术标准执行指导意见

扫一扫
视频二维码

一、范围

本指导意见包含了穿墙套管的性能参数、技术要求、测试项目及方法、运维检修、现场试验、状态评价、技术监督等相关技术标准。适用于交流 1000V 及以上，直流±150kV 及以上穿墙套管，用于指导国家电网公司系统交流 1000V 及以上，直流±150kV 及以上穿墙套管的检修和试验等工作。

二、标准体系概况

本指导意见针对穿墙套管相关国家标准、行业标准、企业标准进行梳理，共梳理各类标准 23 项，分类形成主标准 4 项，从标准 9 项，支撑标准 10 项。

（一）主标准

穿墙套管主标准是穿墙套管设备的技术规范、技术条件类标准，包括设备额定参数值、设计与结构、型式试验/出厂试验项目及要求等内容。穿墙套管主标准共 4 项，标准清单详见表 5-1。

表 5-1 穿墙套管主标准清单

序号	标准号	标准名称
1	GB/T 4109—2008	交流电压高于 1000V 的绝缘套管
2	GB/T 22674—2008	直流系统用套管
3	Q/GDW 11691—2017	高压直流 SF_6 气体绝缘穿墙套管
4	DL/T 1726—2017	特高压直流穿墙套管技术规范

1. GB/T 4109—2008《交流电压高于 1000V 的绝缘套管》

本标准规定了绝缘套管的额定值、运行条件、试验项目及方法等技术要求，适用于设备电压高于 1000V、频率（15～60Hz）三相交流系统中的电器、变压器、开关等电力设备和装置中使用的套管。

2. GB/T 22674—2008《直流系统用套管》

本标准规定了直流系统用套管的额定值、运行条件、试验项目及方法等技术要求，适用于所有直流电压等级中使用的 SF_6 及油绝缘的户内、户外套管。

3. Q/GDW 11691—2017《高压直流 SF_6 气体绝缘穿墙套管》

本标准规定了直流输电工程用 SF_6 气体绝缘穿墙套管的功能、性能、安装、试验、标志、包装、运输和贮存等方面的技术要求，适用于主绝缘采用纯 SF_6 气体绝缘的直流穿墙套管。

4. DL/T 1726—2017《特高压直流穿墙套管技术规范》

本标准规定了 ± 1100、$\pm 800kV$ 级直流输电工程用 SF_6 绝缘穿墙套管的功能、结构、性能、安装、试验、标志、包装、运输和贮存等方面的技术要求，适用于采用复合绝缘外护套管的特高压直流穿墙套管。

（二）从标准

穿墙套管从标准是指穿墙套管设备在运维检修、现场试验、状态评价、技术监督等方面应执行的技术标准。穿墙套管从标准包括以下分类：原材料类、现场试验类、状态评价类。穿墙套管从标准共 9 项，标准清单详见表 5-2。

表 5-2 穿墙套管从标准清单

标准分类	序号	标准号	标准名称
原材料类	1	GB/T 12022—2014	工业六氟化硫
	2	GB 2536—2011	电工流体 变压器油和开关用的未使用过的矿物绝缘油
现场试验类	1	GB 50150—2016	电气装置安装工程 电气设备交接试验标准
	2	Q/GDW 1168—2013	输变电设备状态检修试验规程
	3	Q/GDW 111—2004	直流换流站高压直流电气设备交接试验规程
	4	Q/GDW 299—2009	$\pm 800kV$ 特高压直流设备预防性试验规程
	5	DL/T 274—2012	$\pm 800kV$ 高压直流设备交接试验
状态评价类	1	Q/GDW 602—2011	110（66）kV 及以上电压等级交直流穿墙套管状态检修导则
	2	Q/GDW 603—2011	110（66）kV 及以上电压等级交直流穿墙套管状态评价导则

（三）支撑标准

穿墙套管支撑标准是支撑上述主、从标准中相关条款的国家标准、行业标准、企业标准等相关标准。穿墙套管支撑标准共 10 项，其中，主标准的支撑标准 3 项，从标准的支撑标准 7 项。穿墙套管支撑标准清单详见表 5 - 3。

表 5 - 3 穿墙套管支撑标准清单

序号	标准号	标准名称	支撑类别
1	GB/T 26166—2010	±800kV 直流系统用穿墙套管	主标准
2	Q/GDW 11679—2017	±1100kV 高压直流输电用穿墙套管通用技术规范	主标准
3	GB/T 12944—2011	高压穿墙瓷套管	主标准
4	Q/GDW 11305—2014	SF_6 气体湿度带电检测技术现场应用导则	从标准现场试验类
5	DL/T 345—2010	带电设备紫外诊断技术应用导则	从标准现场试验类
6	Q/GDW 1896—2013	SF_6 气体分解产物检测技术现场应用导则	从标准现场试验类
7	Q/GDW 1950—2013	SF_6 密度表、密度继电器现场校验规范	从标准现场试验类
8	Q/GDW 275—2009	±800kV 直流系统电气设备交接验收试验	从标准现场试验类
9	DL/T 722—2014	变压器油中溶解气体分析和判断导则	从标准现场试验类
10	DL/T 664—2016	带电设备红外诊断应用规范	从标准现场试验类

三、标准执行说明

(一) 主标准

1000V 及以上交流系统用穿墙套管的额定参数、运行条件、试验项目及方法等技术要求应执行 GB/T 4109—2008《交流电压高于 1000V 的绝缘套管》。

直流输电工程用油绝缘的穿墙套管的额定参数、运行条件、试验项目及方法等技术要求应执行 GB/T 22674—2008《直流系统用套管》。

直流输电工程用 SF_6 气体绝缘穿墙套管的使用条件、性能、安装、试验等方面的技术要求应执行 Q/GDW 11691—2017《高压直流 SF_6 气体绝缘穿墙套管》。

±1100、±800kV 级特高压直流输电工程用 SF_6 绝缘穿墙套管的使用条件、性能、安装、试验等技术要求主要应执行 DL/T 1726—2017《特高压直流穿墙套管技术规范》。

标准差异化执行意见：

(1) DL/T 1726—2017《特高压直流穿墙套管技术规范》中 6.2.2 条型式试验中未规定密封试验的要求，建议执行 Q/GDW 11679—2017《±1100kV 高压直流输电用穿墙套管通用技术规范》中 7.2.1 条："型式试验：a) 密封性试验，执行要求按本标准的 7.3.6。"

原因分析：产品定型时，其尺寸及结构发生的变化须在定型期间考虑并验证新结构的密封性能，所以应增加密封性试验为型式试验。

(2) DL/T 1726—2017《特高压直流穿墙套管技术规范》中 6.2.3 条："特

殊试验项目中不包含污秽试验相关要求，对于特高压直流系统穿墙套管的污秽试验要求建议执行 GB/T 26166—2010《±800kV 直流系统用穿墙套管》中6.2.3 条：特殊试验：污秽条件下的淋雨试验和人工污秽试验。"

原因分析：特高压穿墙套管水平布置，其上部易积聚污秽，应进行相关的试验验证。

（3）DL/T 1726—2017《特高压直流穿墙套管技术规范》中 6.3.2.2 条："方法和要求：当本试验作为型式试验时，应按照以下顺序连续进行：

－15 次正极性全波雷电冲击；

－15 次负极性雷电全波冲击。"

建议执行 Q/GDW 11691—2017《高压直流 SF_6 气体绝缘穿墙套管》中7.2.1 条："方法和要求（型式试验）：本试验应按照以下顺序连续进行：

a）15 次正极性全波雷电冲击；

b）1 次负极性雷电全波冲击；

c）5 次负极性雷电截波冲击；

d）14 次负极性雷电全波冲击。"

原因分析：DL/T 1726—2017《特高压直流穿墙套管技术规范》在型式试验阶段未要求进行截波冲击，应增加相关要求。

（4）DL/T 1726—2017《特高压直流穿墙套管技术规范》中 6.3.2.2 条："方法和要求：当本试验作为逐个试验时，应按照以下顺序或按照合同协议进行试验：3 次正极性全波雷电冲击；3 次负极性全波雷电冲击。"建议执行 Q/GDW 11691—2017《高压直流 SF_6 气体绝缘穿墙套管》中 8.1.1 条："方法和要求（逐个试验）：施加 5 次负极性全波雷电冲击或按照合同协议进行试验。"

原因分析：鉴于目前在运设备缺陷较多，应按更严格的要求进行逐个试验阶段的全波冲击试验。

（5）DL/T 1726—2017《特高压直流穿墙套管技术规范》中 6.3.23 条："SF_6 气体性能测试：SF_6 气体性能测试气体绝缘套管内部新充气体的性能应满足 GB/T 12022 中的规定，SF_6 气体的水分含量不得大于 $250\mu L/L$（20℃时）。"建议执行 Q/GDW 11691—2017《高压直流 SF_6 气体绝缘穿墙套管》中 8.7 条："SF_6 气体湿度测定（逐个试验/交接试验）：SF_6 气体允许湿度≤$150\mu L/L$。"

原因分析：两项规程对 SF_6 气体中水分含量的规定不一致。在交接试验和检修过程中均采取不大于 $150\mu L/L$ 的限值，特高压设备应选取严格的标准执行。

（二）从标准

1. 原材料类

气体绝缘穿墙套管用 SF_6 的要求、检验规则、试验方法、包装、标志、贮运及安全警示等技术要求应执行 GB/T 12022—2014《工业六氟化硫》。

充油穿墙套管用绝缘油的术语和定义、分类和标记、要求和试验方法、检验规则及标志、包装、运输和贮存等技术要求应执行 GB 2536—2011《电工流体变压器和开关用的未使用过的矿物绝缘油》。

2. 现场试验类

750kV 及以下交流系统穿墙套管的交流验收试验要求应执行 GB 50150—2016《电气装置安装工程 电气设备交接试验标准》。

750kV 及以下交流系统及 ±500kV 及以下直流系统穿墙套管的状态检修试验要求应执行 Q/GDW 1168—2013《输变电设备状态检修试验规程》。

±500kV 换流站直流穿墙套管的交接验收试验要求应执行 Q/GDW 111—2004《直流换流站高压直流电气设备交接试验规程》。

±800kV 特高压换流站穿墙套管的交接验收试验要求应执行 DL/T 274—2012《±800kV 高压直流设备交接试验》。

±800kV 电压等级换流站穿墙套管的预防性试验要求应执行 Q/GDW 299—2009《±800kV 特高压直流设备预防性试验规程》。

标准差异化执行意见：

（1）DL/T 274—2012《±800kV 特高压直流设备交接试验》中 7.6 条："充 SF_6 套管气体试验：b) 检测 SF_6 气体微水含量。气体微水含量的测量应在套管充气 48h 后进行，微水含量应小于 $250\mu L/L$。"建议执行 Q/GDW 299—2009《±800kV特高压直流设备预防性试验规程》表3第5项："气体微水检测：检修后$\leq150\mu L/L$。"

原因分析：试验判据存在差异，一般来说，交接试验的要求值不低于投运后检修期间的要求值，Q/GDW 299—2009《±800kV 特高压直流设备预防性试验规程》作为预防性试验规程，对于微水含量的要求高过交接试验，而且目前交接试验实际操作过程中对于直流穿墙套管 SF_6 气体中微水含量按$\leq150\mu L/L$控制。建议执行 Q/GDW 299—2009《±800kV 特高压直流设备预防性试验规程》。

（2）DL/T 274—2012《±800kV 特高压直流设备交接试验》中 7.4 条："直流耐压试验：应进行直流耐压试验，试验电压为出厂试验电压的 80%，持续时间不小于 30min。"建议执行 Q/GDW 275—2009《±800kV 直流系统电气设备交接验收试验》中 6.4 条："直流耐压试验及局部放电量测量：必要时做如下试验：1) 试验电压为出厂试验电压的80%，持续时间60min；2) 800kV 套管进行局部放电量测量，在最后 15min 内超过 1000pC 的放电脉冲次数应不超过 5 个。"

原因分析：DL/T 274—2012《±800kV 特高压直流设备交接试验》将该试验列为应做的试验项目，目前国内大部分调试单位不具备现场进行穿墙套管直流耐压的试验能力,在±800kV 换流站建设期间调试的实际操作中未将该试验列为必做的试验项目,因此认为该试验在必要时进行为宜。

3. 状态评价类

110(66)kV 及以上电压等级交直流穿墙套管的状态检修分类和检修策略制定原则要求应执行 Q/GDW 602—2011《110(66)kV 及以上电压等级交直流穿墙套管状态检修导则》,35kV 及以下电压等级设备可参照执行。

110(66)kV 及以上电压等级交直流穿墙套管的状态评价要求应执行 Q/GDW 603—2011《110(66)kV 及以上电压等级交直流穿墙套管状态评价导则》,35kV 及以下电压等级设备可参照执行。

第六章

消弧线圈技术标准执行指导意见

扫一扫
视频二维码

一、范围

本指导意见包含了消弧线圈的性能参数、技术要求、测试项目及方法、运维检修、现场试验、状态评价、技术监督等相关技术标准。适用于 6～66kV 消弧线圈（含固定补偿和自动调谐方式），用于指导国家电网公司系统 6～66kV 的消弧线圈检修、试验和技术监督等工作。

二、标准体系概况

本指导意见针对消弧线圈相关国家标准、行业标准、企业标准进行梳理，共梳理各类标准 9 项，分类形成主标准 2 项，从标准 5 项，支撑标准 2 项。

（一）主标准

消弧线圈主标准是消弧线圈的技术规范、技术条件类标准，包括基本功能、分类、构成、设备参数值、型式试验/出厂试验项目及要求等内容。消弧线圈主标准共 2 项，标准清单详见表 6-1。

表 6-1　　　　　　　　　消弧线圈设备主标准清单

序号	标准号	标准名称
1	DL/T 1057—2007	自动跟踪补偿消弧线圈成套装置技术条件
2	GB/T 1094.6—2011	电力变压器　第 6 部分：电抗器

1. DL/T 1057—2007《自动跟踪补偿消弧线圈成套装置技术条件》

本标准规定了自动跟踪补偿消弧线圈成套装置的基本功能和构成、使用条件、分类，成套装置和主要部件的技术要求、试验方法、检验规则等要求。适用于 6～66kV 电压等级中性点谐振接地系统的自动跟踪补偿消弧线圈成装置。

2. GB/T 1094.6—2011《电力变压器　第 6 部分：电抗器》

本标准规定了电抗器的基本功能、使用条件、试验要求和方法。其中，第 10 章适用于接地变压器，第 11 章适用于 6～66kV 电压等级中性点谐振接地系统的消弧线圈。

（二）从标准

消弧线圈从标准是指消弧线圈设备在现场试验、状态评价、技术监督等方面应执行的技术标准。消弧线圈从标准包括以下分类：现场试验类、状态评价类、技术监督类。消弧线圈从标准共 5 项，标准清单详见表 6‑2。

表 6‑2　　　　　　　　　　消弧线圈设备从标准清单

标准分类	序号	标准号	标准名称
现场试验类	1	GB 50150—2016	电气装置安装工程电气设备交接试验标准
	2	Q/GDW 1168—2013	输变电设备状态检修试验规程
状态评价类	1	Q/GDW 10601—2017	消弧线圈装置状态评价导则
	2	Q/GDW 600—2011	消弧线圈装置状态检修导则
技术监督类	1	Q/GDW 11076—2013	消弧线圈装置技术监督导则

（三）支撑标准

消弧线圈支撑标准是支撑上述主、从标准中相关条款的国家标准、行业标准、企业标准等相关标准。消弧线圈支撑标准共 2 项，其中，主标准的支撑标准 1 项，从标准的支撑标准 1 项。消弧线圈支撑标准清单详见表 6‑3。

表 6‑3　　　　　　　　　　消弧线圈设备支撑标准清单

序号	标准号	标准名称	支撑类别
1	GB/T 50064—2014	交流电气装置的过电压保护和绝缘配合设计规范	主标准
2	GB/T 7261—2016	继电保护和安全自动装置基本试验方法	从标准现场试验类

三、标准执行说明

（一）主标准

消弧线圈的基本功能和构成、使用条件、分类、成套装置和主要部件的技术要求、方法、检验规则等要求应执行 DL/T 1057—2007《自动跟踪补偿消弧线圈成套装置技术条件》。

固定补偿的消弧线圈基本功能和构成、使用条件等要求应执行 GB/T 1094.6—2011《电力变压器　第 6 部分：电抗器》。

标准差异化执行意见：

（1）GB/T 1094.6—2011《电力变压器　第 6 部分：电抗器》中 11.8.2 条

规定了消弧线圈的例行试验，11.8.3 条规定了消弧线圈的型式试验。DL/T 1057—2007《自动跟踪补偿消弧线圈成套装置技术条件》附录 A（规范性附录）试验项目表中对消弧线圈的出厂试验、型式试验项目进行了规定。建议对于消弧线圈执行 DL/T 1057—2007 附录 A（规范性附录）试验项目表中的出厂试验、型式试验。

原因分析：GB/T 1094.6—2011 和 DL/T 1057—2007 对消弧线圈的型式试验、例行试验均有规定，部分试验规定表述不一致。GB/T 1094.6—2011 与 DL/T 1057—2007 相比，虽然规定了例行试验、型式试验，但规定的试验项目较少，不全面，GB/T 1094.6—2011 是 IEC 60076—6—2007 的等效修改版本，辅助绕组和二次绕组空载电压测量与分接开关、铁心气隙调整机构是针对调气隙式消弧线圈，该类消弧线圈主要用于欧洲，而国内这类消弧线圈极少。

（2）关于消弧线圈伏安特性线性范围。DL/T 1057—2007《自动跟踪补偿消弧线圈成套装置技术条件》中 8.1.6 条："电压-电流特性：消弧线圈电压-电流特性曲线由零至设备最高电压应为线性。"建议执行 GB/T 1094.6—2011《电力变压器　第 6 部分：电抗器》的中 11.4.8 条："消弧线圈在 1.1 倍额定电压及以下应该是线性"，在 11.9 中规定了偏差不得超过±5%。

原因分析：DL/T 1057—2007 和 GB/T 1094.6—2011 均要求了消弧线圈的线性度，但 GB/T 1094.6—2011 中表达更加准确，因此建议执行 GB/T 1094.6—2011 的规定。

（二）从标准

1. 现场试验类

消弧线圈现场试验标准主要包括消弧线圈交接试验和运行过程中的状态检修试验、故障诊断试验及带电检测类标准。

消弧线圈一次部分及其组部件交接试验应执行从标准 GB 50150—2016《电气装置安装工程电气设备交接试验标准》，控制部分应执行支撑标准 GB/T 7261—2016《继电保护和安全自动装置基本试验方法》。

消弧线圈及其组部件投运后状态检修试验、故障诊断试验及带电检测试验的项目、周期和技术要求应执行从标准 Q/GDW 1168—2013《输变电设备状态检修试验规程》。

2. 技术监督类

消弧线圈可研规划、工程设计、设备采购、设备制造、设备验收、运输储存、安装调试、竣工验收、运维检修和退役报废等全过程技术监督应执行从标准 Q/GDW 11076—2013《消弧线圈装置技术监督导则》。该标准对消弧线圈设备异常的检测、评估、分析、告警和整改的过程监督工作提出了具体要求。关于系统中性点不接地方式下电容电流要求和谐振接地极方式下残流及消弧线圈容量的要求，应执行支撑标准 GB/T 50064—2014《交流电气装置的过电压保护和绝缘配合设计规范》。

3. 状态评价类

消弧线圈的状态评价应执行 Q/GDW 10601—2017《消弧线圈装置状态评价导则》，状态检修应执行 Q/GDW 600—2011《消弧线圈装置状态检修导则》。

第七章

组合电器技术标准执行指导意见

扫一扫
视频二维码

一、范围

本指导意见适用于 72.5～1100kV 电压等级的气体绝缘金属封闭开关设备（含 GIS、HGIS 以及其他类型的组合型开关设备，以下简称"组合电器"），明确了组合电器在运维检修阶段应执行的技术标准，并提出了部分条款的执行建议。

二、标准体系概况

本指导意见基于《国家电网公司技术标准体系表（2017 版）》，并参考了其他相关国家标准、行业标准、企业标准，共梳理出各类标准 64 项，其中，主标准 3 项，从标准 50 项，支撑标准 11 项。

（一）主标准

组合电器主标准是指组合电器的基础性技术标准。一般包括设备使用条件、额定参数、设计与结构、型式试验/出厂试验项目及要求等内容。组合电器主标准共 3 项，标准清单详见表 7-1。

表 7-1　　　　　　　　　　组合电器主标准清单

序号	标准号	标准名称
1	DL/T 617—2010	气体绝缘金属封闭开关设备技术条件
2	DL/T 593—2016	高压开关设备和控制设备标准的共用技术要求
3	GB/T 24836—2018	1100kV 气体绝缘金属封闭开关设备

（二）从标准

组合电器从标准是指组合电器开展运维检修、现场试验、技术监督等工作应执行的技术标准，一般包括以下类别：部件元件类、原材料类、运维检修类、现场试验类、状态评价类、技术监督类。组合电器从标准共 50 项，标准清单详见表 7-2。

表 7 - 2   组合电器从标准清单

标准分类	序号	标准号	标准名称
部件元件类	1	NB/T 42025—2013	额定电压 72.5kV 及以上智能气体绝缘金属封闭开关设备
	2	GB/T 22383—2017	额定电压 72.5kV 及以上刚性气体绝缘输电线路
	3	DL/T 402—2016	高压交流断路器
	4	DL/T 486—2010	高压交流隔离开关和接地开关
	5	GB/T 20840.2—2014	互感器 第 2 部分：电流互感器的补充技术要求
	6	GB/T 20840.3—2013	互感器 第 3 部分：电磁式电压互感器的补充技术要求
	7	GB/T 20840.7—2007	互感器 第 7 部分：电子式电压互感器
	8	GB/T 20840.8—2007	互感器 第 8 部分：电子式电流互感器
	9	GB/T 11032—2010	交流无间隙金属氧化物避雷器
	10	Q/GDW 1307—2014	1000kV 交流系统用无间隙金属氧化物避雷器技术规范
	11	GB/T 4109—2008	交流电压高于 1000V 的绝缘套管
	12	GB/T 22382—2017	额定电压 72.5kV 及以上气体绝缘金属封闭开关设备与电力变压器之间的直接连接
	13	DL/T 1408—2015	1000kV 交流系统用油 - 六氟化硫套管技术规范
	14	JB/T 10549—2006	SF_6 气体密度继电器和密度表 通用技术条件
	15	GB/T 25081—2010	高压带电显示装置（VPIS）
	16	GB/T 22381—2017	额定电压 72.5kV 及以上气体绝缘金属封闭开关设备与充流体及挤包绝缘电力电缆的连接 充流体及干式电缆终端
	17	NB/T 42105—2016	高压交流气体绝缘金属封闭开关设备用盆式绝缘子
	18	Q/GDW 11127—2013	1100kV 气体绝缘金属封闭开关设备用盆式绝缘子技术规范
	19	Q/GDW 10673—2016	输变电设备外绝缘用防污闪辅助伞裙技术条件及使用导则
	20	Q/GDW 11716—2017	气体绝缘金属封闭开关设备用伸缩节技术规范
	21	GB/T 567.1—2012	爆破片安全装置 第 1 部分：基本要求
	22	DL/T 1430—2015	变电设备在线监测系统技术导则
	23	Q/GDW 1430—2015	智能变电站智能控制柜技术规范
原材料类	1	GB/T 12022—2014	工业六氟化硫
	2	GB/T 34320—2017	六氟化硫电气设备用分子筛吸附剂使用规范
	3	GB/T 28819—2012	充气高压开关设备用铝合金外壳
	4	JB/T 7052—1993	高压电器设备用橡胶密封件 六氟化硫电器设备密封件技术条件

续表

标准分类	序号	标准号	标准名称
运维检修类	1	DL/T 603—2017	气体绝缘金属封闭开关设备运行维护规程
	2	Q/GDW Z 211—2008	1000kV 特高压变电站运行规程
	3	DL/T 1689—2017	气体绝缘金属封闭开关设备状态检修导则
	4	Q/GDW 10208—2016	1000kV 变电站检修管理规范
	5	Q/GDW 10207.2—2016	1000kV 变电设备检修导则　第2部分：气体绝缘金属封闭开关
现场试验类	1	Q/GDW 11447—2015	10kV～500kV 输变电设备交接试验规程
	2	Q/GDW 1157—2013	750kV 电力设备交接试验规程
	3	Q/GDW 10310—2016	1000kV 电气装置安装工程电气设备交接试验规程
	4	Q/GDW 1168—2013	输变电设备状态检修试验规程
	5	GB/T 24846—2018	1000kV 交流电气设备预防性试验规程
	6	Q/GDW 11059.1—2013	气体绝缘金属封闭开关设备局部放电带电测试技术现场应用导则　第1部分：超声波法
	7	Q/GDW 11059.2—2013	气体绝缘金属封闭开关设备局部放电带电测试技术现场应用导则　第2部分：特高频法
	8	DL/T 664—2016	带电设备红外诊断应用规范
	9	Q/GDW 11003—2013	高压电气设备紫外检测技术导则
	10	Q/GDW 11305—2014	SF_6 气体湿度带电检测技术现场应用导则
	11	Q/GDW 11644—2016	SF_6 气体纯度带电检测技术现场应用导则
	12	Q/GDW 1896—2013	SF_6 气体分解产物检测技术现场应用导则
	13	DL/T 1300—2013	气体绝缘金属封闭开关设备现场冲击试验导则
	14	Q/GDW 11366—2014	开关设备分合闸线圈电流波形带电检测技术现场应用导则
状态评价类	1	DL/T 1688—2017	气体绝缘金属封闭开关设备状态评价导则
技术监督类	1	Q/GDW 11074—2013	交流高压开关设备技术监督导则
	2	Q/GDW 11717—2017	电网设备金属技术监督导则
	3	Q/GDW 11083—2013	高压支柱瓷绝缘子技术监督导则

（三）支撑标准

组合电器支撑标准是指支撑组合电器相关标准条款执行指导意见的技术标准。组合电器支撑标准共11项，其中，主标准的支撑标准3项，从标准的支撑标准8项。标准清单详见表7-3。

表 7 - 3 组合电器支撑标准清单

序号	标准号	标准名称	支撑类别
1	GB/T 11022—2011	高压开关设备和控制设备标准的共用技术要求	主标准
2	GB/T 7674—2008	额定电压 72.5kV 及以上气体绝缘金属封闭开关设备	主标准
3	Q/GDW 315—2009	1000kV 系统用气体绝缘金属封闭开关设备技术规范	主标准
4	DL/T 969—2005	变电站运行导则	从标准运维检修类
5	DL/T 311—2010	1100kV 气体绝缘金属封闭开关设备检修导则	从标准运维检修类
6	GB 50150—2016	电气装置安装工程电气设备交接试验标准	从标准现场试验类
7	DL/T 618—2011	气体绝缘金属封闭开关设备现场交接试验规程	从标准现场试验类
8	GB/T 50832—2013	1000kV 系统电气装置安装工程电气设备交接试验标准	从标准现场试验类
9	DL/T 393—2010	输变电设备状态检修试验规程	从标准现场试验类
10	DL/T 1250—2013	气体绝缘金属封闭开关设备带电超声局部放电检测应用导则	从标准现场试验类
11	DL/T 1630—2016	气体绝缘金属封闭开关设备局部放电特高频检测技术规范	从标准现场试验类

三、标准执行说明

(一) 主标准

1. DL/T 617—2010《气体绝缘金属封闭开关设备技术条件》

本标准适用于额定电压为 72.5kV 及以上、频率为 50Hz 的户内、户外型气体绝缘金属封闭开关设备。

额定电压 72.5～800kV 组合电器的正常和特殊使用条件、额定值、设计与结构、型式试验、出厂试验、安装后的现场试验、选用导则、查询和订货时提供的资料、投标人（制造厂）应提供的资料、工厂监造、运输、储存、安装、运行和维护等应执行本标准。

标准条款执行指导意见：

（1）本标准中注明引用 GB/T 1984—2014《高压交流断路器》的章节。

建议执行：执行时应引用 DL/T 402—2016《高压交流断路器》的对应章节。

原因分析：因本标准对 GB/T 1984—2014 相关内容进行了引用，但本执行指导意见已将 DL/T 402—2016 列为从标准，故建议本标准中凡注明引用 GB/T 1984—2014 的条款在执行时应引用 DL/T 402—2016 的对应条款。

（2）本标准中注明引用 GB/T 1985—2014《高压交流隔离开关和接地开关》的章节。

建议执行：执行时应引用 DL/T 486—2010《高压交流隔离开关和接地开关》的对应章节。

原因分析：因本标准对 GB/T 1985—2014 相关内容进行了引用，但本执行指导意见已将 DL/T 486—2010 列为从标准，故建议本标准中凡注明引用 GB/T 1985—2014 的条款在执行时应引用 DL/T 486—2010 的对应条款。

（3）本标准中注明引用 GB/T 11022—2011《高压开关设备和控制设备标准的共用技术要求》的章节。

建议执行：执行时应引用 DL/T 593—2016《高压开关设备和控制设备标准的共用技术要求》的对应章节，且应满足本标准执行指导意见中 DL/T 593—2016 的标准条款执行指导意见。

原因分析：因本标准对 GB/T 11022—2011 相关内容进行了引用，但本执行指导意见已将 DL/T 593—2016 列为主标准，故建议本标准中凡注明引用 GB/T 11022—2011 的条款在执行时应引用 DL/T 593—2016 的对应条款。

（4）标准中 5.3 条表 2 72.5、126、252kV GIS 的额定绝缘水平。

建议执行（见表 7-4）：

表 7-4　　　　　72.5、126、252kV GIS 的额定绝缘水平

设备额定电压（kV，有效值）	额定短时工频耐受电压 U_d（kV，有效值）		额定雷电冲击耐受电压 U_p（kV，峰值）	
	相对地、断路器断口和相间	隔离断口	相对地、断路器断口和相间	隔离断口
(1)	(2)	(3)	(4)	(5)
72.5	160	160（+42）	380*	380（+59）*
126	230	230（+73）	550	550（+103）
252	460	460（+146）*	1050	1050（+206）

注　1. 栏（2）中的值用于以下试验。

　　a）相对地、相间的型式试验；

　　b）相对地、相间和断路器断口的出厂试验。

2. 栏（3）、栏（4）和栏（5）中的值仅适用于型式试验。

3. 带＊数值由 GB/T 11022—2011《高压开关设备和控制设备标准的共用技术要求》表 1 替代。

原因分析：根据从严原则，用 GB/T 11022—2011 4.3 条表 1 中的数值取代 DL/T 617—2010 5.3 条表 2 中较低的数值。

（5）标准中 5.3 条表 3 363、550、800、1100kV GIS 的额定绝缘水平。

建议执行（见表 7 - 5）：

表 7 - 5　　　　　　　　363、550、800、1100kV GIS 的额定绝缘水平

设备的额定电压（kV，有效值）	额定短时工频耐受电压 U_d（kV，有效值）		额定操作冲击耐受电压 U_s（kV，峰值）			额定雷电冲击耐受电压 U_p（kV，峰值）	
	相对地和相间	断路器断口和/或隔离断口	相对地和断路器断口	相间	隔离断口	相对地和相间	相对地和相间
(1)	(2)	(3)	(4)	(5)	(6)	(7)	(8)
363	520	510（＋210）*	950	1425	850（＋295）	1175	1175（＋295）#
550	740*	740（＋318）*	1300*	1950*	1175（＋450）*	1675*	1675（＋450）#
800	960	960（＋462）*	1550	2635*	1425（＋650）*	2100	2100（＋650）
1100	1100	1100（＋635）	1800	2700	1675（＋900）	2400	2400（＋900）

注　1. 栏（6）的值也适用于某些断路器，见 GB 1984。

　　2. 栏（6）中括号内的数值是施加在对侧端子上工频电压的峰值 $U_r \sqrt{2}/\sqrt{3}$（联合电压），栏（8）中括号内的数值是施加在对侧端子上工频电压的峰值 $0.7U_r \sqrt{2}/\sqrt{3}$（联合电压，1100kV 的数值除外，见 GB/T 11022—1999 的附录 D。

　　3. 栏（2）中的值适用于以下试验。

　　a）相对地、相间的型式试验；

　　b）相对地、相间和断路器断口的出厂试验。

　　栏（3）、栏（4）、栏（5）、栏（6）、栏（7）和栏（8）中的值仅适用于型式试验。

　　4. 栏（5）中的数值是用 GB 311.1—1997 的表 2 中规定的乘数导出的。

　　5. 带 * 数值由 GB/T 11022—2011《高压开关设备和控制设备标准的共用技术要求》表 2 替代，带 # 数值由 DL/T 593—2016《高压开关设备和控制设备标准的共用技术要求》表 2 替代。

原因分析：根据从严原则，用 GB/T 11022—2011 4.3 条表 2 和 DL/T 593—2016 4.2 条表 2 中的数值取代 DL/T 617—2010 5.3 条表 3 中较低的数值。

（6）标准中 6.14 条："气体密封性：每个封闭压力系统或隔室允许的相对年漏气率应不大于 0.5%。"

建议执行：GB/T 7674—2008《额定电压 72.5kV 及以上气体绝缘金属封闭开关设备》5.15 条，且 5.15 条中引用 GB/T 11022—2011《高压开关设备和控制设备标准的共用技术要求》的内容在执行时应由 DL/T 593—2016《高压开关设备和控制设备标准的共用技术要求》的对应内容替代。

原因分析：因 GB/T 7674—2008 对于气体密封性的规定相较于 DL/T 617—2010 的规定更全面，但 GB/T 7674—2008 中引用的 GB/T 11022—2011 相关要求低于 DL/T 593—2016，故建议综合执行 GB/T 7674—2008 和 DL/T 593—2016 相关规定。

（7）标准中 6.20.2 条："与电缆相连：应符合 GB/T 22381 的有关规定。进线电缆间隔可装设带电监测装置。"

建议执行：在该条款后补充："GIS 中那些仍然和电缆连接的部件应能耐受和设备相同额定电压的相关电缆标准规定的电缆试验电压（对于充油和充气电缆，见 GB 9326；对于挤包电缆，见 GB/T 11017.1 和 IEC 62067）。

如果不接受对 GIS 施加直流电缆试验电压，则对电缆试验应制定特殊的措施（例如，隔离设施和/或提高绝缘气体密度）。

通常在电缆绝缘试验期间，除非已经采取了特别措施来防止电缆中出现的破坏性放电影响 GIS 的带电部件，否则，GIS 的相邻部件应不带电并接地。

应在电缆连接的外壳，或 GIS 自身的外壳上提供电缆直流和/或交流电压试验适用的套管的位置。（见 GB/T 22381）。"（GB/T 7674—2008《额定电压 72.5kV 及以上气体绝缘金属封闭开关设备》中 5.107.1 条）

原因分析：因 DL/T 617—2010 对电缆连接部件的绝缘试验未作要求，而 GB/T 7674—2008 已有明确规定，故建议补充执行 GB/T 7674—2008 中 5.107.1 条规定。

（8）标准中 6.23 条观察窗。

建议执行：在该条款后补充："观察窗（如果有）至少应达到与所配用外壳一致的防护等级。

主回路带电部分与观察窗的可触及表面之间的绝缘，应能耐受 GB/T 11022 中 4.3 条规定的对地和极间的试验电压。"（GB/T 7674—2008《额定电压 72.5kV 及以上气体绝缘金属封闭开关设备》中 5.110 条）

原因分析：因 DL/T 617—2010 对观察窗的防护等级及试验电压未作要求，而 GB/T 7674—2008 已有明确规定，故建议补充执行 GB/T 7674—2008 中 5.110 条规定。

（9）标准中 6 条设计与结构。

建议执行：在该章节后补充：

"6.25 位置指示

DL/T 593—2016 的 5.12 适用，并作如下补充：

GB/T 1985—2014 的 5.104.3.2 适用。

6.26 易燃性

DL/T 593—2016 的 5.17 适用。

6.27 电磁兼容性（EMC）

DL/T 593—2016 的 5.18 适用。"

（GB/T 7674—2008《额定电压 72.5kV 及以上气体绝缘金属封闭开关设备》

中 5.12、5.17、5.18 条；DL/T 593—2016《高压开关设备和控制设备标准的共用技术要求》中 5.12、5.17、5.18 条）

原因分析：因 DL/T 617—2010 对于位置指示、易燃性、电磁兼容性未作要求，而 GB/T 7674—2008 已有明确规定，但 GB/T 7674—2008 中引用的 GB/T 11022—2011 相关要求低于 DL/T 593—2016，故建议综合执行 GB/T 7674—2008 和 DL/T 593—2016 相关规定。

（10）标准中 9.1 条现场试验项目。

建议执行：在该条款后补充："为了保证最小的干扰，以及降低湿气和灰尘进入外壳而妨碍开关设备正确动作的风险，气体绝缘金属封闭开关设备在运行期间不规定或不推荐关于外壳的定期检查或压力试验。无论如何，都应参考制造厂的说明书。制造厂和用户应就现场的交接试验计划达成协议。"（GB/T 7674—2008《额定电压 72.5kV 及以上气体绝缘金属封闭开关设备》中 10.2.101 条）

原因分析：因 DL/T 617—2010 对运行期间的试验未作要求，而 GB/T 7674—2008 已有明确规定，故建议补充执行 GB/T 7674—2008 中 10.2.101 条规定。

（11）标准中 9.8.16 条："耐压试验程序 a）程序 A（推荐对于 252kV 及以下）；b）程序 B（推荐对于 363kV 及以上）；c）程序 C（推荐对于 363kV 及以上，程序 B 的替代）。"

建议执行："a）程序 A（推荐对于 126kV 及以下）；b）程序 B（推荐对于 252kV 及以上）；c）程序 C（推荐对于 252kV 及以上，程序 B 的替代）。"（GB/T 7674—2008《额定电压 72.5kV 及以上气体绝缘金属封闭开关设备》中 10.2.101.1.3 条）

原因分析：因 GB/T 7674—2008 规定了 252kV 组合电器的耐压试验应执行程序 B 或程序 C，即在试验过程中应进行局部放电测量或雷电冲击耐压试验，而 DL/T 617—2010 未有相关规定，根据从严原则，故建议执行 GB/T 7674—2008 第 10.2.101.1.3 条规定。

2. DL/T 593—2016《高压开关设备和控制设备标准的共用技术要求》

本标准是高压开关类设备的共用基础标准。本标准适用于电压 3.0kV 及以上、频率为 50Hz 的电力系统中运行的户内和户外交流高压开关设备和控制设备。

额定电压 72.5kV 及以上组合电器的正常和特殊使用条件、额定值、设计和结构、型式试验、出厂试验、选用导则、查询、投标和订货时提供的资料、运输、储存、安装、运行和维护规则、安全性、对环境的影响等应满足本标准。

标准条款执行指导意见：

标准中 4.2 条表 1 额定电压范围Ⅰ的额定绝缘水平、表 2 额定电压范围Ⅱ的额定绝缘水平。

建议执行（见表 7-6、表 7-7）：

表 7-6   额定电压范围Ⅰ的额定绝缘水平

额定电压 U_r (kV, 有效值)	额定工频短时耐受电压 U_d (kV, 有效值)		额定雷电冲击耐受电压 U_p (kV, 峰值)	
	通用值	隔离断口	通用值	隔离断口
(1)	(2)	(3)	(4)	(5)
72.5	160	160＋（42）*	380*	380＋（59）*
126	230	230（＋73）*	550	550（＋103）*
252	460	460（＋146）*	1050	1050（＋206）*

注 1. 根据我国电力系统的实际，本表中的额定绝缘水平与 IEC62271-1：2007 表 1a 的额定绝缘水平不完全相同。

2. 本表中项（2）和项（4）的数值取自 GB 311.1。

3. 126kV 和 252kV 项（3）中括号内的数值为 $1.0U_r/\sqrt{3}$，是加在对侧端子上的工频电压有效值，项（5）中括号内的数值为 $1.0U_r\sqrt{2}/\sqrt{3}$，是加在对侧端子上的工频电压峰值。

4. 隔离断口是指隔离开关、负荷－隔离开关的断口以及起联络作用的负荷开关和断路器的断口。

5. 带 * 的值来源于 GB/T 11022—2011《高压开关设备和控制设备标准的共用技术要求》表 1。

表 7-7   额定电压范围Ⅱ的额定绝缘水平

额定电压 U_r (kV, 有效值)	额定短时工频耐受电压 U_d (kV, 有效值)		额定操作冲击耐受电压 U_s (kV, 峰值)			额定雷电冲击耐受电压 U_p (kV, 峰值)	
	相对地及相间	开关断口及隔离断口	相对地	相间	开关断口及隔离断口	相对地及相间	开关断口及隔离断口
(1)	(2)	(3)	(4)	(5)	(6)	(7)	(8)
363	510	510（＋210）	950	1425	850（＋295）	1175	1175（＋295）
550	740	740（＋318）*	1300	1950	1175（＋450）	1675	1675（＋450）
800	960	960（＋462）	1550	2635*	1425（＋650）	2100	2100（＋650）
1100	1100	1100（＋635）	1800	2700	1675（＋900）	2400	2400（＋900）

注 1. 根据我国电力系统的实际，本表中的额定绝缘水平与 IEC 62271-1：2007 表 2a 的额定绝缘水平不完全相同。

2. 本表中项（2）、项（4）、项（5）、项（6）和项（7）根据 GB 311.1 的数值提出。

3. 本表中项（3）中括号内的数值为 $1.0U_r/\sqrt{3}$，是加在对侧端子上的工频电压有效值，项（6）和项（8）中括号内的数值为 $1.0U_r\sqrt{2}/\sqrt{3}$，是加在对侧端子上的工频电压峰值。

4. 本表中 1100kV 的数值是根据我国电力系统的需要而选定的数值。

5. 带 * 的值来源于 GB/T 11022—2011《高压开关设备和控制设备标准的共用技术要求》表 2。

原因分析：根据从严原则，用 GB/T 11022—2011 4.3 条表 1、表 2 中的数值取代 DL/T 593—2016 4.2 条表 1、表 2 中较低的数值。

3. GB/T 24836—2018《1100kV 气体绝缘金属封闭开关设备》

本标准适用于 1100kV 户内和户外安装、频率为 50Hz 的单极封闭 SF$_6$ 气体绝缘金属封闭开关设备。

额定电压 1100kV 组合电器的正常和特殊使用条件、额定值、设计和结构、型式试验、出厂试验、选用导则、随询问单、标书和订单提供的资料、运输、储存、安装、运行和维护等应执行本标准。

标准条款执行指导意见：

(1) 本标准中注明引用 GB/T 1984—2014《高压交流断路器》的章节。

建议执行：执行时应引用 DL/T 402—2016《高压交流断路器》的对应章节。

原因分析：因本标准对 GB/T 1984—2014 相关内容进行了引用，但本执行指导意见已将 DL/T 402—2016 列为从标准，故建议本标准中凡注明引用 GB/T 1984—2014 的条款在执行时应引用 DL/T 402—2016 的对应条款。

(2) 本标准中注明引用 GB/T 1985—2014《高压交流隔离开关和接地开关》的章节。

建议执行：执行时应引用 DL/T 486—2010《高压交流隔离开关和接地开关》的对应章节。

原因分析：因本标准对 GB/T 1985—2014 相关内容进行了引用，但本执行指导意见已将 DL/T 486—2010 列为从标准，故建议本标准中凡注明引用 GB/T 1985—2014 的条款在执行时应引用 DL/T 486—2010 的对应条款。

(3) 本标准中注明引用 GB/T 11022—2011《高压开关设备和控制设备标准的共用技术要求》的章节。

建议执行：执行时应引用 DL/T 593—2016《高压开关设备和控制设备标准的共用技术要求》的对应章节，且应满足本标准执行指导意见中 DL/T 593—2016 的标准条款执行指导意见。

原因分析：因本标准对 GB/T 11022—2011 相关内容进行了引用，但本执行指导意见已将 DL/T 593—2016 列为主标准，故建议本标准中凡注明引用 GB/T 11022—2011 的条款在执行时应引用 DL/T 593—2016 的对应条款。

(4) 标准中 5.110 条观察窗。

建议执行：在该条款后补充："主回路带电部分与观察窗的可触及表面之间的绝缘，应能耐受 GB/T 11022 中 4.2 规定的对地试验电压。"（Q/GDW 315—2009《1000kV 系统用气体绝缘金属封闭开关设备技术规范》中 6.28 条）

原因分析：因 GB/T 24836—2018 对观察窗对地试验电压未作要求，而 Q/GDW 315—2009 已有明确规定，故建议补充执行 Q/GDW 315—2009 中 6.28 条规定。

（5）标准中 5 条设计和结构。

建议执行：在该章节后补充：

"5.112 吸附剂

每个隔室应装吸附剂。

吸附剂更换周期应与 GIS 的检修周期相同。

吸附剂的放置位置应便于更换。"（DL/T 617—2010《气体绝缘金属封闭开关设备技术条件》中 6.24 条）

原因分析：因 GB/T 24836—2018 对吸附剂未作要求，而 DL/T 617—2010 已有明确规定，故建议补充执行 DL/T 617—2010 中 6.24 条规定。

（6）标准中 6.1.2 条试验的分组。

建议执行：在该条款后补充："极限温度下的操作试验，噪声测量及抗震试验。"（DL/T 617—2010《气体绝缘金属封闭开关设备技术条件》中 7.1 条）

原因分析：因 GB/T 24836—2018 对这三项试验未作要求，而 DL/T 617—2010 已有明确规定，故建议补充执行 DL/T 617—2010 中 7.1 条规定。

（7）标准中 6.2.10.102 条最大允许局部放电量。

建议执行：在该条款后补充："单个绝缘件最大允许的局部放电量不应超过 3pC。"（DL/T 617—2010《气体绝缘金属封闭开关设备技术条件》中 7.2.8.3 条）

原因分析：因 GB/T 24836—2018 对单个绝缘件的局部放电量未作要求，而 DL/T 617—2010 已有明确规定，故建议补充执行 DL/T 617—2010 中 7.2.8.3 条规定。

（8）标准中 6.9 条电磁兼容性试验（EMC）。

建议执行：振荡波抗扰性试验的试验电压应执行表 7-8。

表 7-8　　　　　阻尼振荡波试验时电压的施加

界面	相关设备	试验电压（kV）	耦合方式
电力线路	交流和直流电力线路	差模：1.0 共模：2.5	CDN CDN
信号部分	有屏蔽和无屏蔽的线路，模拟和/或数字信号的传输 • 控制线路 • 通讯线路（如数据库） • 测量线路（如 TA、TV）	差模：1.0 共模：2.5	CDN CDN 或等效的耦合方法

（Q/GDW 315—2009《1000kV 系统用气体绝缘金属封闭开关设备技术规范》中 7.9.2.4 条表 8）

原因分析：因 GB/T 24836—2018 引用的 GB/T 11022—2011 6.9 条中关于振荡波抗扰性试验试验电压的规定低于 Q/GDW 315—2009 7.9.2.4 条表 8 中的数值，根据从严原则，建议振荡波抗扰性试验试验电压执行 Q/GDW 315—2009 中 7.9.2.4 条表 8 规定。

（9）标准中 6 条型式试验。

建议执行：在该章节第 6.109 条后补充执行 DL/T 617—2010《气体绝缘金属封闭开关设备技术条件》中 7.15 极限温度下的操作试验、7.19 噪声试验、7.20 抗震试验的规定内容。（DL/T 617—2010《气体绝缘金属封闭开关设备技术条件》中 7.15、7.19、7.20 条）

原因分析：因 GB/T 24836—2018 对这三项试验未作要求，而 DL/T 617—2010 已有明确规定，故建议补充执行 DL/T 617—2010 中 7.15、7.19、7.20 条规定。

（10）标准中 7.2.3 条局部放电测量。

建议执行：在该条款后补充："GIS 中树脂浇注的绝缘件（如隔板、拉杆等）的局部放电量应逐个检查。"（DL/T 617—2010《气体绝缘金属封闭开关设备技术条件》中 8.2.2 条）

原因分析：因 GB/T 24836—2018 对树脂浇注的绝缘件的局部放电测量未作要求，而 DL/T 617—2010 已有明确规定，故建议补充执行 DL/T 617—2010 中 8.2.2 条规定。

（11）标准中 7.4 条主回路电阻的测量。

建议执行：在该条款后补充："高压开关处于合闸位置时测得的电阻不应超过 l.2Ru（Ru 是型式试验时测得的相应电阻）并作三相平衡度比较。"（DL/T 617—2010《气体绝缘金属封闭开关设备技术条件》中 8.4 条）

原因分析：因 GB/T 24836—2018 对电阻的三相平衡度未作要求，而 DL/T 617—2010 已有明确规定，故建议补充执行 DL/T 617—2010 中 8.4 条规定。

（12）标准中 7.101 条外壳的压力试验。

建议执行：在该条款后补充："所有的金属焊缝均应进行 X 射线探伤，对无法实现的部位，可用超声波或荧光着色剂方法探伤。"（DL/T 617—2010《气体绝缘金属封闭开关设备技术条件》中 8.8 条）

原因分析：因 GB/T 24836—2018 对金属焊缝的探伤未作要求，而 DL/T 617—2010 已有明确规定，故建议补充执行 DL/T 617—2010 中 8.8 条规定。

（13）标准中 7.104.2 条压力试验。

建议执行：在该条款后补充："隔板应进行 X-射线探伤。"（DL/T 617—

2010《气体绝缘金属封闭开关设备技术条件》中8.11条)

原因分析：因 GB/T 24836—2018 对隔板的探伤未作要求，而 DL/T 617—2010 已有明确规定，故建议补充执行 DL/T 617—2010 中 8.11 条规定。

(14) 标准中 10.3.101.4 条主回路电阻测量。

建议执行：DL/T 617—2010《气体绝缘金属封闭开关设备技术条件》中 9.3 条，但试验电流仍按 GB/T 24836—2018 规定的"测量所用的电流应取直流 300A"执行。(DL/T 617—2010《气体绝缘金属封闭开关设备技术条件》中 9.3 条)

原因分析：因 DL/T 617—2010 对现场安装后的交接试验中的主回路电阻测量规定更全面，但 DL/T 617—2010 规定的"测试电流不小于 100A"低于 GB/T 24836—2018 中规定的 300A，根据从严原则，故建议综合执行 DL/T 617—2010 和 GB/T 24836—2018 的相关规定。

(二) 从标准

1. 部件元件类

(1) NB/T 42025—2013《额定电压 72.5kV 及以上智能气体绝缘金属封闭开关设备》。

本标准适用于额定电压 72.5kV 及以上智能气体绝缘金属封闭开关设备。

额定电压 72.5kV 及以上智能组合电器的术语和定义、额定值、设计与结构、试验、选用导则、查询、投标和订货时提供的资料、运输、储存、安装、运行和维护规则以及安全等方面规定的智能相关要求应执行本标准。

标准条款执行指导意见：

1) 本标准中注明引用 GB/T 1984—2014《高压交流断路器》的章节。

建议执行：执行时应引用 DL/T 402—2016《高压交流断路器》的对应章节。

原因分析：因本标准对 GB/T 1984—2014 相关内容进行了引用，但本执行指导意见已将 DL/T 402—2016 列为从标准，故建议本标准中凡注明引用 GB/T 1984—2014 的条款在执行时应引用 DL/T 402—2016 的对应条款。

2) 本标准中注明引用 GB/T 1985—2014《高压交流隔离开关和接地开关》的章节。

建议执行：执行时应引用 DL/T 486—2010《高压交流隔离开关和接地开关》的对应章节。

原因分析：因本标准对 GB/T 1985—2014 相关内容进行了引用，但本执行指导意见已将 DL/T 486—2010 列为从标准，故建议本标准中凡注明引用 GB/T 1985—2014 的条款在执行时应引用 DL/T 486—2010 的对应条款。

3) 本标准中注明引用 GB/T 11022—2011《高压开关设备和控制设备标准

的共用技术要求》的章节。

建议执行：执行时应引用 DL/T 593—2016《高压开关设备和控制设备标准的共用技术要求》的对应章节，且应满足本标准执行指导意见中 DL/T 593—2016 的标准条款执行指导意见。

原因分析：因本标准对 GB/T 11022—2011 相关内容进行了引用，但本执行指导意见已将 DL/T 593—2016 列为主标准，故建议本标准中凡注明引用 GB/T 11022—2011 的条款在执行时应引用 DL/T 593—2016 的对应条款。

（2）GB/T 22383—2017《额定电压 72.5kV 及以上刚性气体绝缘输电线路》。

本标准适用于额定电压 72.5kV 及以上、额定频率为 50Hz 的刚性气体绝缘输电线路。

额定电压 72.5kV 及以上刚性气体绝缘输电线路的使用条件、额定值、设计与结构、试验、选用导则、查询、投标和订货时提供的资料、运输、储存、安装、运行和维护规则以及安全等应执行本标准。

标准条款执行指导意见：

1）本标准中注明引用 GB/T 7674—2008《额定电压 72.5kV 及以上气体绝缘金属封闭开关设备》的章节。

建议执行：执行时应引用 DL/T 617—2010《气体绝缘金属封闭开关设备技术条件》的对应章节，且应满足本标准执行指导意见中 DL/T 617—2010 的标准条款执行指导意见。

原因分析：因本标准对 GB/T 7674—2008 相关内容进行了引用，但本执行指导意见已将 DL/T 617—2010 列为主标准，故建议本标准中凡注明引用 GB/T 7674—2008 的条款在执行时应引用 DL/T 617—2010 的对应条款。

2）本标准中注明引用 GB/T 11022—2011《高压开关设备和控制设备标准的共用技术要求》的章节。

建议执行：执行时应引用 DL/T 593—2016《高压开关设备和控制设备标准的共用技术要求》的对应章节，且应满足本标准执行指导意见中 DL/T 593—2016 的标准条款执行指导意见。

原因分析：因本标准对 GB/T 11022—2011 相关内容进行了引用，但本执行指导意见已将 DL/T 593—2016 列为主标准，故建议本标准中凡注明引用 GB/T 11022—2011 的条款在执行时应引用 DL/T 593—2016 的对应条款。

（3）DL/T 402—2016《高压交流断路器》。

本标准适用于设计安装在户内或户外且运行在频率 50Hz、电压为 3～1000kV 系统中的交流断路器。

额定电压 72.5kV 及以上组合电器用交流断路器的使用条件、额定值、设计与结构、型式试验、出厂试验、选用导则、运输、储存、安装、运行和维护规则、安全性、对环境的影响等应执行本标准。

（4）DL/T 486—2010《高压交流隔离开关和接地开关》。

本标准适用于设计安装在户内或户外，且运行在频率50Hz、标称电压3000V及以上的系统中，端子是封闭的和敞开的交流隔离开关和接地开关。

额定电压72.5kV及以上组合电器用交流隔离开关和接地开关的使用条件、额定值、设计与结构、型式试验、出厂试验、选用导则、运输与贮存、安全性、对环境的影响等应执行本标准。

（5）GB/T 20840.2—2014《互感器　第2部分：电流互感器的补充技术要求》。

本标准适用于供电气测量仪表或/和电气保护装置使用、频率为15～100Hz的新制造的电磁式电流互感器。

额定电压72.5kV及以上组合电器用电磁式电流互感器的额定值、设计与结构以及试验等应执行本标准。

（6）GB/T 20840.3—2013《互感器　第3部分：电磁式电压互感器的补充技术要求》。

本标准适用于供电气测量仪表或/和电气保护装置使用、频率为15～100Hz的新制造的电磁式电压互感器。

额定电压72.5kV及以上组合电器用电磁式电压互感器的额定值、设计与结构以及试验等应执行本标准。

（7）GB/T 20840.7—2007《互感器　第7部分：电子式电压互感器》。

本标准适用于新制造的模拟量输出的电子式电压互感器，供频率为15～100Hz的电气测量仪器和电气保护装置使用。

额定电压72.5kV及以上组合电器用电子式电压互感器的通用要求、正常和特殊使用条件、额定值、设计、试验、标志等应执行本标准。

（8）GB/T 20840.8—2007《互感器　第8部分：电子式电流互感器》。

本标准适用于新制造的电子式电流互感器，它具有模拟量电压输出或数字量输出，供频率为15～100Hz的电气测量仪器和继电保护装置使用。

额定电压72.5kV及以上组合电器用电子式电压互感器的通用要求、正常和特殊使用条件、额定值、设计、试验、标志等应执行本标准。

标准条款执行指导意见：

本标准中注明引用GB/T 1984—2014《高压交流断路器》的章节。

建议执行：执行时应引用DL/T 402—2016《高压交流断路器》的对应章节。

原因分析：因本标准对GB/T 1984—2014相关内容进行了引用，但本执行指导意见已将 DL/T 402—2016 列为从标准，故建议本标准中凡注明引用 GB/T 1984—2014 的条款在执行时应引用 DL/T 402—2016 的对应条款。

（9）GB/T 11032—2010《交流无间隙金属氧化物避雷器》。

本标准适用于为限制交流电力系统过电压而设计的无间隙金属氧化物避雷器。

额定电压 72.5～800kV 组合电器用无间隙金属氧化物避雷器的标志及分类、标准额定值和运行条件、技术要求以及试验要求等应执行本标准。

标准条款执行指导意见：

本标准中注明引用 GB/T 7674—2008《额定电压 72.5kV 及以上气体绝缘金属封闭开关设备》的章节。

建议执行：执行时应引用 DL/T 617—2010《气体绝缘金属封闭开关设备技术条件》的对应章节，且应满足本标准执行指导意见中 DL/T 617—2010 的标准条款执行指导意见。

原因分析：因本标准对 GB/T 7674—2008 相关内容进行了引用，但本执行指导意见已将 DL/T 617—2010 列为主标准，故建议本标准中凡注明引用 GB/T 7674—2008 的条款在执行时应引用 DL/T 617—2010 的对应条款。

（10）Q/GDW 1307—2014《1000kV 交流系统用无间隙金属氧化物避雷器技术规范》。

本标准适用于 1000kV 交流系统用瓷套无间隙金属氧化物避雷器和气体绝缘金属封闭无间隙金属氧化物避雷器。

额定电压 1100kV 组合电器用无间隙金属氧化物避雷器的额定值和运行条件、技术要求、试验要求、铭牌、包装、运输及保管等应执行本标准。

标准条款执行指导意见：

本标准中注明引用 GB/T 7674—2008《额定电压 72.5kV 及以上气体绝缘金属封闭开关设备》的章节。

建议执行：执行时应引用 DL/T 617—2010《气体绝缘金属封闭开关设备技术条件》的对应章节，且应满足本标准执行指导意见中 DL/T 617—2010 的标准条款执行指导意见。

原因分析：因本标准对 GB/T 7674—2008 相关内容进行了引用，但本执行指导意见已将 DL/T 617—2010 列为主标准，故建议本标准中凡注明引用 GB/T 7674—2008 的条款在执行时应引用 DL/T 617—2010 的对应条款。

（11）GB/T 4109—2008《交流电压高于 1000V 的绝缘套管》。

本标准适用于设备最高电压高于 1000V、频率 15～60Hz 三相交流系统中的电器、变压器、开关等电力设备和装置中使用的套管。

额定电压 72.5kV 及以上组合电器用绝缘套管的额定值、运行条件、订货信息和标识、试验等应执行本标准。

标准条款执行指导意见：

1）本标准中注明引用 GB/T 7674—2008《额定电压 72.5kV 及以上气体绝缘金属封闭开关设备》的章节。

建议执行：执行时应引用 DL/T 617—2010《气体绝缘金属封闭开关设备技术条件》的对应章节，且应满足本标准执行指导意见中 DL/T 617—2010 的标准条款执行指导意见。

原因分析：因本标准对 GB/T 7674—2008 相关内容进行了引用，但本执行指导意见已将 DL/T 617—2010 列为主标准，故建议本标准中凡注明引用 GB/T 7674—2008 的条款在执行时应引用 DL/T 617—2010 的对应条款。

2）本标准中注明引用 GB/T 11022—2011《高压开关设备和控制设备标准的共用技术要求》的章节。

建议执行：执行时应引用 DL/T 593—2016《高压开关设备和控制设备标准的共用技术要求》的对应章节，且应满足本标准执行指导意见中 DL/T 593—2016 的标准条款执行指导意见。

原因分析：因本标准对 GB/T 11022—2011 相关内容进行了引用，但本执行指导意见已将 DL/T 593—2016 列为主标准，故建议本标准中凡注明引用 GB/T 11022—2011 的条款在执行时应引用 DL/T 593—2016 的对应条款。

（12）GB/T 22382—2017《额定电压 72.5kV 及以上气体绝缘金属封闭开关设备与电力变压器之间的直接连接》。

本标准适用于额定电压 72.5kV 及以上的气体绝缘金属封闭开关设备和电力变压器间的单相和三相直接连接。直接连接的一端浸在变压器油或绝缘气体中，另一端浸在开关设备的绝缘气体中。

额定电压 72.5kV 及以上组合电器和电力变压器间的直接连接的使用条件、额定值、设计和结构、试验、随询问单、标书和订单提供的资料、运输、贮存、安装、运行和维护规则、供应方的界限等应执行本标准。

标准条款执行指导意见：

1）本标准中注明引用 GB/T 7674—2008《额定电压 72.5kV 及以上气体绝缘金属封闭开关设备》的章节。

建议执行：执行时应引用 DL/T 617—2010《气体绝缘金属封闭开关设备技术条件》的对应章节，且应满足本标准执行指导意见中 DL/T 617—2010 的标准条款执行指导意见。

原因分析：因本标准对 GB/T 7674—2008 相关内容进行了引用，但本执行指导意见已将 DL/T 617—2010 列为主标准，故建议本标准中凡注明引用 GB/T 7674—2008 的条款在执行时应引用 DL/T 617—2010 的对应条款。

2）本标准中注明引用 GB/T 11022—2011《高压开关设备和控制设备标准的共用技术要求》的章节。

建议执行：执行时应引用 DL/T 593—2016《高压开关设备和控制设备标准的共用技术要求》的对应章节，且应满足本标准执行指导意见中 DL/T 593—2016 的标准条款执行指导意见。

原因分析：因本标准对 GB/T 11022—2011 相关内容进行了引用，但本执行指导意见已将 DL/T 593—2016 列为主标准，故建议本标准中凡注明引用 GB/T 11022—2011 的条款在执行时应引用 DL/T 593—2016 的对应条款。

（13）DL/T 1408—2015《1000kV 交流系统用油—六氟化硫套管技术规范》。

本标准适用于安装在 1000kV 交流系统用气体绝缘金属封闭开关设备与电力变压器之间的油—六氟化硫套管。

1100kV 交流系统用油—六氟化硫套管的使用条件、技术性能要求、试验要求与方法、试验分类等应执行本标准。

（14）JB/T 10549—2006《SF_6 气体密度继电器和密度表 通用技术条件》。

本标准适用于 SF_6 气体密度继电器和密度表。

额定电压 72.5kV 及以上组合电器用 SF_6 气体密度继电器和密度表的分类、额定参数、技术要求、检验方法、检验规则、标志、标签、使用说明书、包装、运输和贮存等应执行本标准。

（15）GB/T 25081—2010《高压带电显示装置（VPIS）》。

本标准适用于标称电压 3kV 及以上、频率 50Hz 的电力系统中运行的户内和户外高压电气设备所使用的带电显示装置。

额定电压 72.5kV 及以上组合电器用高压带电显示装置的适用范围、适用条件、术语、额定值、设计与结构、试验、选用导则及安全等应执行本标准。

标准条款执行指导意见：

本标准中注明引用 GB/T 11022—2011《高压开关设备和控制设备标准的共用技术要求》的章节。

建议执行：执行时应引用 DL/T 593—2016《高压开关设备和控制设备标准的共用技术要求》的对应章节，且应满足本标准执行指导意见中 DL/T 593—2016 的标准条款执行指导意见。

原因分析：因本标准对 GB/T 11022—2011 相关内容进行了引用，但本执行指导意见已将 DL/T 593—2016 列为主标准，故建议本标准中凡注明引用 GB/T

11022—2011 的条款在执行时应引用 DL/T 593—2016 的对应条款。

（16）GB/T 22381—2017《额定电压 72.5kV 及以上气体绝缘金属封闭开关设备与充流体及挤包绝缘电力电缆的连接充流体及干式电缆终端》。

本标准适用于额定电压 72.5kV 及以上、额定频率为 50Hz 的气体绝缘金属封闭开关设备的冲流体和挤包电缆的连接装置，在单相或三相布置中电缆终端为冲流体式或干式。在电缆绝缘与开关设备气体的绝缘间用绝缘锥隔开。

额定电压 72.5kV 及以上、额定频率为 50Hz 的气体绝缘金属封闭开关设备与充流体及挤包绝缘电力电缆的连接充流体及干式电缆终端的额定值、设计和结构、标准尺寸、试验和供应方界限等应执行本标准。

标准条款执行指导意见：

1）本标准中注明引用 GB/T 7674—2008《额定电压 72.5kV 及以上气体绝缘金属封闭开关设备》的章节。

建议执行：执行时应引用 DL/T 617—2010《气体绝缘金属封闭开关设备技术条件》的对应章节，且应满足本标准执行指导意见中 DL/T 617—2010 的标准条款执行指导意见。

原因分析：因本标准对 GB/T 7674—2008 相关内容进行了引用，但本执行指导意见已将 DL/T 617—2010 列为主标准，故建议本标准中凡注明引用 GB/T 7674—2008 的条款在执行时应引用 DL/T 617—2010 的对应条款。

2）本标准中注明引用 GB/T 11022—2011《高压开关设备和控制设备标准的共用技术要求》的章节。

建议执行：执行时应引用 DL/T 593—2016《高压开关设备和控制设备标准的共用技术要求》的对应章节，且应满足本标准执行指导意见中 DL/T 593—2016 的标准条款执行指导意见。

原因分析：因本标准对 GB/T 11022—2011 相关内容进行了引用，但本执行指导意见已将 DL/T 593—2016 列为主标准，故建议本标准中凡注明引用 GB/T 11022—2011 的条款在执行时应引用 DL/T 593—2016 的对应条款。

（17）NB/T 42105—2016《高压交流气体绝缘金属封闭开关设备用盆式绝缘子》。

本标准适用于额定电压 72.5kV 及以上、额定频率 60Hz 及以下的高压交流气体绝缘金属封闭开关设备中使用的盆式绝缘子，包括承压的和不承压的盆式绝缘子。

额定电压 72.5～800kV 组合电器中使用的盆式绝缘子的定义、使用条件、额定值、设计与结构、型式试验、出厂试验以及标识、包装、运输、储存等应执行本标准。

标准条款执行指导意见：

本标准中注明引用 GB/T 11022—2011《高压开关设备和控制设备标准的共用技术要求》的章节。

建议执行：执行时应引用 DL/T 593—2016《高压开关设备和控制设备标准的共用技术要求》的对应章节，且应满足本标准执行指导意见中 DL/T 593—2016 的标准条款执行指导意见。

原因分析：因本标准对 GB/T 11022—2011 相关内容进行了引用，但本执行指导意见已将 DL/T 593—2016 列为主标准，故建议本标准中凡注明引用 GB/T 11022—2011 的条款在执行时应引用 DL/T 593—2016 的对应条款。

（18）Q/GDW 11127—2013《1100kV 气体绝缘金属封闭开关设备用盆式绝缘子技术规范》。

本标准适用于 1100kV 交流气体绝缘金属封闭开关设备用盆式绝缘子，包括盆式支持绝缘子和盆式隔板。

额定电压 1100kV 组合电器用盆式绝缘子的使用条件、额定值、设计与结构、试验、包装运输和储存等应执行本标准。

标准条款执行指导意见：

1）本标准中注明引用 GB/T 7674—2008《额定电压 72.5kV 及以上气体绝缘金属封闭开关设备》的章节。

建议执行：执行时应引用 DL/T 617—2010《气体绝缘金属封闭开关设备技术条件》的对应章节，且应满足本标准执行指导意见中 DL/T 617—2010 的标准条款执行指导意见。

原因分析：因本标准对 GB/T 7674—2008 相关内容进行了引用，但本执行指导意见已将 DL/T 617—2010 列为主标准，故建议本标准中凡注明引用 GB/T 7674—2008 的条款在执行时应引用 DL/T 617—2010 的对应条款。

2）本标准中注明引用 GB/T 11022—2011《高压开关设备和控制设备标准的共用技术要求》的章节。

建议执行：执行时应引用 DL/T 593—2016《高压开关设备和控制设备标准的共用技术要求》的对应章节，且应满足本标准执行指导意见中 DL/T 593—2016 的标准条款执行指导意见。

原因分析：因本标准对 GB/T 11022—2011 相关内容进行了引用，但本执行指导意见已将 DL/T 593—2016 列为主标准，故建议本标准中凡注明引用 GB/T 11022—2011 的条款在执行时应引用 DL/T 593—2016 的对应条款。

（19）Q/GDW 10673—2016《输变电设备外绝缘用防污闪辅助伞裙技术条件及使用导则》。

本标准适用于 110（66）kV 及以上的交直流系统、环境温度−40～+40℃

条件下运行的输变电设备外绝缘用辅助伞裙。

额定电压72.5kV及以上组合电器的外绝缘用防污闪辅助伞裙的基本技术要求、检验规则、包装与贮存、运行维护等应执行本标准。粘接胶应满足本标准4.2条要求。

(20) Q/GDW 11716—2017《气体绝缘金属封闭开关设备用伸缩节技术规范》。

本标准适用于气体绝缘金属封闭开关设备用伸缩节。

额定电压72.5kV及以上组合电器用伸缩节的产品分类、技术要求、试验方法、检验规则、选用原则、标志、包装和贮存等应执行本标准。气体绝缘金属封闭输电线路用伸缩节参照执行。

标准条款执行指导意见：

本标准中注明引用GB/T 7674—2008《额定电压72.5kV及以上气体绝缘金属封闭开关设备》的章节。

建议执行：执行时应引用DL/T 617—2010《气体绝缘金属封闭开关设备技术条件》的对应章节，且应满足本标准执行指导意见中DL/T 617—2010的标准条款执行指导意见。

原因分析：因本标准对GB/T 7674—2008相关内容进行了引用，但本执行指导意见已将DL/T 617—2010列为主标准，故建议本标准中凡注明引用GB/T 7674—2008的条款在执行时应引用DL/T 617—2010的对应条款。

(21) GB/T 567.1—2012《爆破片安全装置 第1部分：基本要求》。

本标准适用于下列爆破片安全装置：压力容器、压力管道或其他密闭承压设备为防止超压或出现过度真空而使用的爆破片安全装置；爆破片安全装置中爆破压力不大于500MPa，且不小于0.001MPa。

额定电压72.5kV及以上组合电器用爆破片安全装置的设计、制造、检验、试验、标记标识、包装储存、出厂文件等应执行本标准。

(22) DL/T 1430—2015《变电设备在线监测系统技术导则》。

本标准适用于变压器、电抗器、断路器、气体绝缘金属封闭开关设备、电容型设备、金属氧化物避雷器等变电设备的在线监测系统。

额定电压72.5kV及以上组合电器用在线监测系统的架构、配置原则、功能要求、技术要求和试验、调试、验收等应执行本标准。

(23) Q/GDW 1430—2015《智能变电站智能控制柜技术规范》。

本标准适用于35kV（户外）、110（66）～750kV电压等级高压设备智能控制柜。

智能变电站智能控制柜的使用条件、技术要求、试验方法、试验分类及项目、产品的质量保证等应执行本标准。

2. 原材料类

（1）GB/T 12022—2014《工业六氟化硫》。

本标准适用于氟与硫直接反应并经过精制的工业六氟化硫。该产品主要用作电力工业、冶金行业和气象部门等。

额定电压 72.5kV 及以上组合电器用工业六氟化硫的要求、检验规则、试验方法、包装、标志、贮运及安全警示等应执行本标准。

（2）GB/T 34320—2017《六氟化硫电气设备用分子筛吸附剂使用规范》。

本标准适用于六氟化硫电气设备用分子筛吸附剂。

额定电压 72.5kV 及以上 SF_6 气体绝缘的组合电器使用的分子筛吸附剂的技术要求、六氟化硫电气设备选用、配置、使用和废弃处理分子筛吸附剂的规范等应执行本标准。

（3）GB/T 28819—2012《充气高压开关设备用铝合金外壳》。

本标准适用于充有压缩的干燥空气、惰性气体如六氟化硫或氮气或这些气体的混合气体的户外、户内安装的高压开关设备的铝合金外壳。

额定电压 72.5kV 及以上组合电器的铝合金外壳的设计、制造和工艺、检验和试验、认证和标识等应执行本标准。

标准条款执行指导意见：

1）本标准中注明引用 GB/T 7674—2008《额定电压 72.5kV 及以上气体绝缘金属封闭开关设备》的章节。

建议执行：执行时应引用 DL/T 617—2010《气体绝缘金属封闭开关设备技术条件》的对应章节，且应满足本标准执行指导意见中 DL/T 617—2010 的标准条款执行指导意见。

原因分析：因本标准对 GB/T 7674—2008 相关内容进行了引用，但本执行指导意见已将 DL/T 617—2010 列为主标准，故建议本标准中凡注明引用 GB/T 7674—2008 的条款在执行时应引用 DL/T 617—2010 的对应条款。

2）本标准中注明引用 GB/T 11022—2011《高压开关设备和控制设备标准的共用技术要求》的章节。

建议执行：执行时应引用 DL/T 593—2016《高压开关设备和控制设备标准的共用技术要求》的对应章节，且应满足本标准执行指导意见中 DL/T 593—2016 的标准条款执行指导意见。

原因分析：因本标准对 GB/T 11022—2011 相关内容进行了引用，但本执行指导意见已将 DL/T 593—2016 列为主标准，故建议本标准中凡注明引用 GB/T 11022—2011 的条款在执行时应引用 DL/T 593—2016 的对应条款。

（4）JB/T 7052—1993《高压电器设备用橡胶密封件 六氟化硫电器设备密

封件技术条件》。

本标准适用于六氟化硫高压电器设备用橡胶密封件，也适用于其附属设备用橡胶密封件。

额定电压 72.5kV 及以上 SF_6 气体绝缘的组合电器用橡胶密封件的技术要求、试验方法、检验规则及包装、标志、运输、贮存方法等应执行本标准。

3. 运维检修类

（1）DL/T 603—2017《气体绝缘金属封闭开关设备运行维护规程》。

本标准适用于额定电压 72.5kV 及以上、频率为 50Hz 的户内和户外安装的气体绝缘金属封闭开关设备。

额定电压 72.5～800kV 组合电器巡视检查、检修、试验等运行维护工作的项目、内容和技术要求等应执行本标准。

标准条款执行指导意见：

1）本标准中注明引用 GB/T 1984—2014《高压交流断路器》的章节。

建议执行：执行时应引用 DL/T 402—2016《高压交流断路器》的对应章节。

原因分析：因本标准对 GB/T 1984—2014 相关内容进行了引用，但本执行指导意见已将 DL/T 402—2016 列为从标准，故建议本标准中凡注明引用 GB/T 1984—2014 的条款在执行时应引用 DL/T 402—2016 的对应条款。

2）本标准中注明引用 GB/T 7674—2008《额定电压 72.5kV 及以上气体绝缘金属封闭开关设备》的章节。

建议执行：执行时应引用 DL/T 617—2010《气体绝缘金属封闭开关设备技术条件》的对应章节，且应满足本标准执行指导意见中 DL/T 617—2010 的标准条款执行指导意见。

原因分析：因本标准对 GB/T 7674—2008 相关内容进行了引用，但本执行指导意见已将 DL/T 617—2010 列为主标准，故建议本标准中凡注明引用 GB/T 7674—2008 的条款在执行时应引用 DL/T 617—2010 的对应条款。

3）标准中 4.1.1 条："室内 GIS 开展运行维护工作应满足的要求进入室内电缆沟或低凹处工作时应测含氧量或 SF_6 气体浓度，确认安全后方可进入。"

建议执行："进入电缆沟或低凹处工作时，应测含氧量及 SF_6 气体浓度，合格后方可进入。"（DL/T 969—2005《变电站运行导则》中 6.7.1.1 条）

原因分析：因 DL/T 969—2005 规定在进入电缆沟或低凹处工作时含氧量和 SF_6 浓度均应测量并确认合格，根据从严原则，故建议执行 DL/T 969—2005 中 6.7.1.1 条规定。

4）标准中 4.1.3 条："防止外壳局部温度升高的危害运行巡视中工作人员

应避免触及设备外壳并保持一定距离，且易接触外壳温升不得超过 30K；对可触及但在正常操作时无需接触的外壳温升不应超过 40K。"

建议执行：对工作人员易接触的外壳，其温度不应超过 70℃，当周围空气温度不超过 40℃时，温升不得超过 30K；对可触及但在正常操作时无需接触的外壳，其温度不应超过 80℃，当周围空气温度不超过 40℃时，温升不应超过 40K（DL/T 593—2016《高压开关设备和控制设备标准的共用技术要求》中 4.4.2 条表 3）。

原因分析：因 DL/T 603—2017 未对外壳温度上限作出说明，也未规定温升测量时环境温度的要求，而 DL/T 593—2016 已有明确规定，故建议执行 DL/T 593—2016 中 4.4.2 条表 3 规定。

5）标准中 6.2.1a 条 GIS 外观检查

建议执行：在该条款后补充："均压环位置正确，无倾斜、松动、变形、扭曲、锈蚀等现象。"（Q/GDW Z 211—2008《1000kV 交流变电站运行规程》中 3.2 条）

原因分析：因 DL/T 603—2017 对均压环的外观检查未作要求，而 Q/GDW Z 211—2008 已有明确规定，故建议补充执行 Q/GDW Z 211—2008《1000kV 交流变电站运行规程》中 3.2 条规定。

6）标准中表 8 GIS 诊断性试验项目和要求、表 9 GIS 分解检修前试验项目和要求、表 10 GIS 分解检修后试验项目和要求："主回路的电阻值不得大于设备出厂值的 120%。"

建议执行："主回路的电阻值不得大于设备出厂值的 120%，还应注意三相平衡度的比较。"（DL/T 617—2010《气体绝缘金属封闭开关设备技术条件》中 9.3.2 条）

原因分析：因 DL/T 603—2017 对主回路电阻的三相平衡度未作要求，而 DL/T 617—2010 已有明确规定，故建议补充执行 DL/T 617—2010 中 9.3.2 条规定。

（2）Q/GDW Z 211—2008《1000kV 特高压变电站运行规程》。

本标准适用于 1000kV 特高压变电站中的设备运行管理。

额定电压 1100kV 组合电器的概况、运行方式、设备巡检、设备异常及事故处理、典型操作表、变电站图册等应执行本标准。

（3）DL/T 1689—2017《气体绝缘金属封闭开关设备状态检修导则》。

本标准适用于系统电压等级为 110（66）～750kV 的气体绝缘金属封闭开关设备。

额定电压 72.5～800kV 组合电器状态检修的时间、内容和类别等应执行本标准。

（4）Q/GDW 10208—2016《1000kV 变电站检修管理规范》。

本标准适用于国家电网公司交流 1000kV 特高压变电（开关）站现场检修管理。

额定电压 1100kV 组合电器的检修计划及检修前准备、检修过程管理、抢修管理、技术资料及备品备件管理等方面的要求应执行本标准。

（5）Q/GDW 10207.2—2016《1000kV 变电设备检修导则 第 2 部分：气体绝缘金属封闭开关》。

本标准适用于 1100kV 气体绝缘金属封闭开关设备。

额定电压 1100kV 组合电器现场检修的工作要求应执行本标准。

标准条款执行指导意见：

1）本标准中注明引用 GB/T 11022—2011《高压开关设备和控制设备标准的共用技术要求》的章节。

建议执行：执行时应引用 DL/T 593—2016《高压开关设备和控制设备标准的共用技术要求》的对应章节，且应满足本标准执行指导意见中 DL/T 593—2016 的标准条款执行指导意见。

原因分析：因本标准对 GB/T 11022—2011 相关内容进行了引用，但本执行指导意见已将 DL/T 593—2016 列为主标准，故建议本标准中凡注明引用 GB/T 11022—2011 的条款在执行时应引用 DL/T 593—2016 的对应条款。

2）标准中 7.2 条："检修后的试验 1100kV 金属绝缘封闭开关设备检修后的试验项目及数据应符合 GB/Z 24836、GB/Z 24846、Q/GDW 310 的相关要求。"

建议执行：1100kV 金属绝缘封闭开关设备检修后的试验项目及数据应符合 GB/Z 24836、GB/Z 24846、Q/GDW 10310 的相关要求。

原因分析：因 Q/GDW 310—2009 已被 Q/GDW 10310—2016 替代，故建议执行 Q/GDW 10310—2016 的相应规定。

3）标准中 8.1 条投运前的验收

建议执行：在该条款中补充："改接过的线或端子的恢复情况均有检查记录，确认恢复正确。"（DL/T 311—2010《1100kV 气体绝缘金属封闭开关设备检修导则》中 8 条）

原因分析：因 Q/GDW 10207.2—2016 对线或端子改接后的检查未作要求，而 DL/T 311—2010 已有明确规定，故建议补充执行 DL/T 311—2010 中第 8 条规定。

4. 现场试验类

（1）Q/GDW 11447—2015《10kV～500kV 输变电设备交接试验规程》。

本标准适用于 10～500kV 新安装的、按照国家相关标准出厂试验合格的电气设备交接试验。本标准不适用于配电设备。

额定电压 72.5～550kV 组合电器的交接试验项目和标准要求应执行本标准。

标准条款执行指导意见：

1）标准中 5 条总则

建议执行：GB 50150—2016《电气装置安装工程电气设备交接试验标准》第 3 条规定（GB 50150—2016《电气装置安装工程电气设备交接试验标准》中 3 条）。

原因分析：因 Q/GDW11447—2015《10kV～500kV 输变电设备交接试验规程》第 5 条的规定未提及 GB 50150—2016《电气装置安装工程电气设备交接试验标准》第 3.0.4、3.0.5、3.0.8、3.0.9、3.0.11、3.0.12、3.0.14 条的内容，而 GB 50150—2016 规定更全面，故建议执行 GB 50150—2016 中第 3 条规定。

2）标准中 8.2 条表 14 气体绝缘金属封闭开关设备的试验项目和标准要求。

建议执行（见表 7-9）：

表 7-9　　　　　气体绝缘金属封闭开关设备的试验项目和标准要求

序号	试验项目	标准要求	说　　明
1	SF_6 气体湿度及纯度	见第 19 章 SF_6 气体	* 测量时，环境相对湿度一般不大于 85％

（DL/T 618—2011《气体绝缘金属封闭开关设备现场交接试验规程》中 8.3 条）

原因分析：因 Q/GDW 11447—2015 对测量时的环境相对湿度未作要求，故建议补充执行 DL/T 618—2011 中 8.3 条规定。

3）标准中 8.2 条表 14 气体绝缘金属封闭开关设备的试验项目和标准要求。

建议执行（见表 7-10）：

表 7-10　　　　　气体绝缘金属封闭开关设备的试验项目和标准要求

序号	试验项目	标准要求	说　　明
3	主回路的交流耐压试验	1）72.5～363kV 的交流耐压值应为出厂值的 100％ 2）550kV 的交流耐压值应为出厂值的 90％～100％	1）试验在 SF_6 气体额定压力下进行 2）对 GIS 试验时不包括其中的电磁式电压互感器及避雷器，但在投运前应对它们进行电压值为最高运行电压的 5min 检查试验 3）试验程序和方法参见产品技术条件或附录 D 的规定进行 4）采用变频交流耐压时，试验频率宜在 30Hz～300Hz * 5）密封性试验和湿度测量合格，现场所有其他试验项目完成并合格后才进行耐压试验

（DL/T 618—2011《气体绝缘金属封闭开关设备现场交接试验规程》中13.5.2条）

原因分析：因交流耐压试验为破坏性试验，需在所有常规试验完成且合格后进行，而 Q/GDW 11447—2015 未有相关规定，故建议补充执行 DL/T 618—2011 第 13.5.2 条规定。

4）标准中 8.2 条表 14 气体绝缘金属封闭开关设备的试验项目和标准要求。

建议执行（见表 7‐11）：

表 7‐11　　　气体绝缘金属封闭开关设备的试验项目和标准要求

序号	试验项目	标准要求	说明
6	组合电器内各元件的试验	1）应按本标准的相应章节的有关规定进行 ＊2）对无法分开的设备可不单独进行 ＊3）若金属氧化物避雷器、电磁式电压互感器与母线之间连接有隔离开关，在工频耐压试验前进行老练试验时，可将隔离开关合上，加额定电压检查电磁式电压互感器的变比以及金属氧化物避雷器阻性电流和全电流 ＊4）若交流耐压试验采用调频电源时，电磁式电压互感器经计算其频率不会引起饱和，经与制造厂协商可与主回路一起进行耐压试验	元件包括装在组合电器内的断路器、隔离开关、负荷开关、接地开关、避雷器、互感器、套管、母线等

（GB 50150—2016《电气装置安装工程电气设备交接试验标准》中 13.0.3 条；DL/T 618—2011《气体绝缘金属封闭开关设备现场交接试验规程》中 6.2、6.3 条）

原因分析：因 Q/GDW 11447—2015 缺少特殊情况下的试验要求，故建议补充执行 GB 50150—2016 和 DL/T 618—2011 相关规定。

5）标准中 8.2 条表 14 气体绝缘金属封闭开关设备的试验项目和标准要求。

建议执行：在表 7‐12 中新增"外观及质量检查"项目，并将其列为第 1 条。

表 7‐12　　　气体绝缘金属封闭开关设备的试验项目和标准要求

序号	试验项目	标准要求	说明
1	外观及质量检查	＊1）检查 GIS 整体外观，所有铭牌、标牌安装位置应正确；油漆应完好、无锈蚀损伤，高压套管应无损伤等 ＊2）检查各种充气、充油管路，阀门及各连接部件的密封应良好；阀门的开闭位置应正确；管道的绝缘法兰与绝缘支架应良好 ＊3）检查断路器、隔离开关及接地开关分、合闸指示器的指示应正确	

序号	试验项目	标准要求	说明
1	外观及质量检查	*4）检查各种密度继电器、压力表、油位计的指示应正确 *5）检查汇控柜上各种信号指示、控制开关的位置应正确 *6）检查各类箱、门的关闭情况应良好 *7）检查隔离开关、接地开关连杆的螺钉应紧固，检查波纹管螺钉位置应符合制造厂的技术要求 *8）检查所有接地应可靠。检查电压互感器的高压末端、二次绕组一端应可靠接地	

（DL/T 618—2011《气体绝缘金属封闭开关设备现场交接试验规程》中4条）

原因分析：因 Q/GDW 11447—2015 对外观及质量检查未作要求，故建议补充执行 DL/T 618—2011 第 4 条规定。

（2）Q/GDW 1157—2013《750kV 电力设备交接试验规程》。

本标准适用于 750kV 交流电力设备的交接试验。

额定电压 800kV 组合电器交接试验的项目、要求和判断标准应执行本标准。

标准条款执行指导意见：

1）标准中 13.5 条气体密封性试验

建议执行：GB 50150—2016《电气装置安装工程电气设备交接试验标准》中 13.0.4 条："密封性试验，应符合下列规定：（1）密封性试验方法，可采用灵敏度不低于 1×10^{-6}（体积比）的检漏仪对各气室密封部位、管道接头等处进行检测，检漏仪不应报警；（2）必要时可采用局部包扎法进行气体泄漏测量。以 24h 的漏气量换算，每一个气室年漏气率不应大于 1%，750kV 电压等级的不应大于 0.5%；（3）密封试验应在封闭式组合电器充气 24h 以后，且组合操动试验后进行。"

原因分析：因 GB 50150—2016 对于密封性试验的要求相较于 Q/GDW 1157—2013 的规定更为全面，故建议执行 GB 50150—2016 中 13.0.4 条规定。

2）标准中 13.8 条："测量主回路电阻主回路电阻测量值应符合产品技术条件。"

建议执行：GB 50150—2016《电气装置安装工程电气设备交接试验标准》中 13.0.2 条："测量主回路的导电电阻值，应符合下列规定：（1）测量主回路的导电电阻值，宜采用电流不小于 100A 的直流压降法；（2）测试结果不应超过产品技术条件规定值的 1.2 倍。"

原因分析：因 GB 50150—2016 对于主回路电阻测量的要求相较于 Q/GDW 1157—2013 的规定更为全面，故建议执行 GB 50150—2016 中 13.0.2 条规定。

3）标准中 13.11 条："操动机构试验断路器、隔离开关、接地开关操动机构的试验按产品技术条件的规定进行。"

建议执行：GB 50150—2016《电气装置安装工程电气设备交接试验标准》中 13.0.7 条："组合电器的操动试验，应符合下列规定：（1）进行组合电器的操动试验时，联锁与闭锁装置动作应准确可靠；（2）电动、气动或液压装置的操动试验，应按产品技术条件的规定进行。"

原因分析：因 GB 50150—2016 对于操动机构试验的要求相较于 Q/GDW 1157—2013 的规定更为全面，故建议执行 GB 50150—2016 中 13.0.7 条规定。

（3）Q/GDW 10310—2016《1000kV 电气装置安装工程电气设备交接试验规程》。

本标准适用于特高压交流工程中 1000kV 电压等级电气设备的交接试验。

额定电压 1100kV 组合电器现场交接试验项目、方法和判据应执行本标准。

标准条款执行指导意见：

1）标准中 10.7 条："主回路电阻测量 c）所测电阻值应不应超过产品技术条件规定值的 1.2 倍。"

建议执行："所测电阻值应符合技术条件规定并与例行试验值相比无明显变化，且不应超过型式试验中温升试验时所测电阻值的 1.2 倍。"（GB/T 50832—2013《1000kV 系统电气装置安装工程电气设备交接试验标准》中 8.0.7 条）

原因分析：因 GB/T 50832—2013 对于主回路电阻值的规定相较于 Q/GDW 10310—2016 更为全面，故建议执行 GB/T 50832—2013 中 8.0.7 条规定。

2）标准中 10.9 条断路器试验规定。

建议执行：在 j 项后增加第 k 项："液压油和氮气的检查应符合下列规定：1）液压操作机构所用的液压油和氮气的质量应符合技术条件的规定；2）液压油的油位应符合技术条件要求，油的水分含量应在规定的范围内，以防止锈蚀；3）储压缸中氮气的预充入压力应符合技术条件的规定，氮气的纯度应符合要求。"（GB/T 50832—2013《1000kV 系统电气装置安装工程电气设备交接试验标准》中 8.0.9 条）

原因分析：因 Q/GDW 10310—2016 对液压油和氮气的检查未作要求，而 GB/T 50832—2013 已有明确规定，建议补充执行 GB/T 50832—2013 中 8.0.9 条规定。

3）标准中 10.15 条："主回路绝缘试验规定 b）GIS 进出线应断开，并保持足够的绝缘距离。应断开罐式避雷器与主回路的连接。对电磁式电压互感器应与制造厂沟通，确定试验的频率。"

建议执行：GIS进出线应断开，并保持足够的绝缘距离。应断开罐式避雷器与主回路的连接。对电磁式电压互感器应与制造厂沟通，确定是否参加主回路绝缘试验，确定试验的频率（GB/T 50832—2013《1000kV系统电气装置安装工程电气设备交接试验标准》中8.0.15条）。

原因分析：因Q/GDW 10310—2016对于电磁式电压互感器耐压试验的规定不全面，故建议综合执行Q/GDW 10310—2016和GB/T 50832—2013相关规定。

（4）Q/GDW 1168—2013《输变电设备状态检修试验规程》。

本标准适用于电压等级为750kV及以下交直流输变电设备。

额定电压72.5～800kV组合电器的巡检、检查和试验的项目、周期和技术要求等应执行本标准。

标准条款执行指导意见：

1）本标准中注明引用GB/T 11022—2011《高压开关设备和控制设备标准的共用技术要求》的章节。

建议执行：执行时应引用DL/T 593—2016《高压开关设备和控制设备标准的共用技术要求》的对应章节，且应满足本标准执行指导意见中DL/T 593—2016的标准条款执行指导意见。

原因分析：因本标准对GB/T 11022—2011相关内容进行了引用，但本执行指导意见已将DL/T 593—2016列为主标准，故建议本标准中凡注明引用GB/T 11022—2011的条款在执行时应引用DL/T 593—2016的对应条款。

2）标准中5.9.2.4条："主回路交流耐压试验试验时，电磁式电压互感器和金属氧化物避雷器应与主回路断开，耐压结束后，恢复连接，并应进行电压为$U_m/\sqrt{3}$、时间为5min的试验。"

建议执行：试验时，电磁式电压互感器和金属氧化物避雷器应与主回路断开，耐压结束后，恢复连接，并应进行电压为U_m、时间为5min的试验（DL/T 393—2010《输变电设备状态检修试验规程》中5.8.2.2条）。

原因分析：因DL/T 393—2010对于耐压试验电压的规定相较于Q/GDW 1168—2013更高，要求更严格，根据从严原则，故建议执行DL/T 393—2010中5.8.2.2条规定。

（5）GB/T 24846—2018《1000kV交流电气设备预防性试验规程》。

本标准适用于电压等级为1000kV交流电气设备。

额定电压1100kV组合电器预防性试验的项目、周期、方法和判断应执行本标准。

（6）Q/GDW 11059.1—2013《气体绝缘金属封闭开关设备局部放电带电测试技术现场应用导则 第1部分：超声波法》。

本标准适用于35kV及以上GIS的超声波局部放电现场检测，罐式断路器和HGIS可参照执行。

额定电压72.5kV及以上组合电器超声波局部放电检测原理、检测仪器要求、带电检测要求及方法、检测周期、检测步骤和结果分析原则等应执行本标准。

标准条款执行指导意见：

1）标准中6.2.2条高级功能

建议执行：在d项后增加第e项："检测仪器具备抗外部干扰的能力，并可通过设置触发阈值、信号测量带宽、触发方式等来提高仪器的抗干扰能力。"

第f项："检测仪器宜具有外施高压电源同步信号的输入端口，用于局部放电超声信号的相位分析。在现场无法提供外施高压电源同步信号时，仪器内部应能产生与外施高压电源频率相同的同步信号，并可通过移相的方式，对测量信号进行观察和分析。"（DL/T 1250—2013《气体绝缘金属封闭开关设备带电超声局部放电检测应用导则》中5.2.2、5.2.3条）

原因分析：因Q/GDW 11059.1—2013对抗干扰能力及信号同步未作要求，而DL/T 1250—2013已有明确规定，故建议补充执行DL/T 1250—2013中5.2.2和5.2.3条规定。

2）标准中6.3.2条："性能要求 a）检测频率范围：20kHz～200kHz；"

建议执行："传感器频率范围：10kHz～200kHz。"（DL/T 1250—2013《气体绝缘金属封闭开关设备带电超声局部放电检测应用导则》中5.1.2条）

原因分析：因DL/T 1250—2013规定的传感器频率范围相较于Q/GDW 11059.1—2013更宽，要求更为严格，根据从严原则，故建议执行DL/T 1250—2013中5.1.2条规定。

3）标准中8.1条："检测周期 a）应在设备投运后或A类检修后1周内进行一次运行电压下的超声波局部放电检测，记录每一测试点的测试数据作为初始数据，今后运行中测试应与初始数据进行比对；"

建议执行：在GIS交流耐压试验通过后，应将电压降至$U_r/\sqrt{3}$，进行一次超声局部放电检测，作为初始数据。应在设备投运后或A类检修后1周内进行一次运行电压下的超声波局部放电检测，记录每一测试点的测试数据作为参考数据，今后运行中测试应与历史数据进行比对（DL/T 1250—2013《气体绝缘金属封闭开关设备带电超声局部放电检测应用导则》中6.1、6.2.1条）。

原因分析：因 DL/T 1250—2013 对于设备局部放电初始数据的要求相比于 Q/GDW 11059.1—2013 的规定更为全面，故建议综合执行 Q/GDW 11059.1—2013 和 DL/T 1250—2013 的相关规定。

（7）Q/GDW 11059.2—2013《气体绝缘金属封闭开关设备局部放电带电测试技术现场应用导则　第 2 部分：特高频法》。

本标准适用于 35kV 及以上 GIS 的特高频局部放电现场检测，罐式断路器和 HGIS 可参照执行。

额定电压 72.5kV 及以上组合电器特高频局部放电检测原理、检测仪器要求、带电检测方法及要求、检测周期、检测步骤和分析原则等应执行本标准。

标准条款执行指导意见：

标准中 6.2.2 条高级功能。

建议执行：在 e 项后增加第 f 项："信号报警功能。检测系统应能根据预先设定的报警条件对异常检测结果进行报警。"（DL/T 1630—2016《气体绝缘金属封闭开关设备局部放电特高频检测技术规范》中 4.3.3 条）

原因分析：因 Q/GDW 11059.2—2013 对信号报警功能未作要求，而 DL/T 1630—2016 已有明确规定，故建议补充执行 DL/T 1630—2016 中 4.3.3 条规定。

（8）DL/T 664—2016《带电设备红外诊断应用规范》。

本标准适用于采用红外热像仪对具有电流、电压致热效应或其他致热效应引起表面温度分布特点的各种电气设备及以 SF_6 气体为绝缘介质的电气设备泄漏进行的诊断。使用其他红外测温一起（如红外点温仪等）进行诊断的可参照本标准执行。

额定电压 72.5kV 及以上组合电器带电红外诊断的术语和定义、现场检测要求、现场操作方法、仪器管理和检验、红外检测周期、判断方法、诊断判据和缺陷类型的确定及处理方法等应执行本标准。

（9）Q/GDW 11003—2013《高压电气设备紫外检测技术导则》。

本标准适用于交直流输电线路和变电站/换流站高压电气设备放电类缺陷的紫外检测。

额定电压 72.5kV 及以上组合电器外部放电类缺陷的紫外带电检测方法、缺陷的分析判别方法等应执行本标准。

（10）Q/GDW 11305—2014《SF_6 气体湿度带电检测技术现场应用导则》。

本标准适用于 35kV 及以上电压等级以六氟化硫气体为绝缘介质的变压器、断路器、GIS、电压互感器、电流互感器等运行中电气设备气体湿度的带电检测。

额定电压 72.5kV 及以上 SF_6 气体绝缘的组合电器中气体湿度检测技术现场应用中的检测仪器要求、带电检测要求、带电检测方法、检测步骤和结果分析方法等应执行本标准。

（11）Q/GDW 11644—2016《SF_6 气体纯度带电检测技术现场应用导则》。

本标准适用于 35kV 及以上电压等级以 SF_6 气体为绝缘介质电气设备的气体纯度带电检测。

额定电压 72.5kV 及以上 SF_6 气体绝缘组合电器气体纯度检测技术现场应用的检测原理、检测仪器要求、带电检测要求和带电检测方法等应执行本标准。

（12）Q/GDW 1896—2013《SF_6 气体分解产物检测技术现场应用导则》。

本标准适用于 SF_6 气体绝缘设备的监督和管理，对气体绝缘设备中 SF_6 气体分解产物的现场检测提供指导。

额定电压 72.5kV 及以上 SF_6 气体绝缘组合电器中 SF_6 气体分解产物的现场检测项目、检测方法、检测周期、评价标准及安全防护等应执行本标准。

（13）DL/T 1300—2013《气体绝缘金属封闭开关设备现场冲击试验导则》。

本标准适用于全部或部分采用 SF_6 气体作为绝缘介质的气体绝缘金属封闭开关设备。

额定电压 363kV 及以上组合电器现场冲击试验的方法和技术要求等应执行本标准。

（14）Q/GDW 11366—2014《开关设备分合闸线圈电流波形带电检测技术现场应用导则》。

本部分适用于 12kV 及以上等级开关设备。

额定电压 72.5kV 及以上组合电器用分合闸线圈电流波形检测原理、检测仪器要求、带电检测方法及要求、检测周期、检测步骤和分析原则等应执行本标准。

5. 状态评价类

DL/T 1688—2017《气体绝缘金属封闭开关设备状态评价导则》。

本标准适用于系统电压等级为 110（66）～750kV 的气体绝缘金属封闭开关设备。

额定电压 72.5～800kV 组合电器的状态量信息分类、状态评价分类、状态评价基本要求、状态量的量化标准、部件及整体的评价等应执行本标准。

标准条款执行指导意见：

（1）本标准中注明引用 GB/T 7674—2008《额定电压 72.5kV 及以上气体绝

缘金属封闭开关设备》的章节。

建议执行：执行时应引用 DL/T 617—2010《气体绝缘金属封闭开关设备技术条件》的对应章节，且应满足本标准执行指导意见中 DL/T 617—2010 的标准条款执行指导意见。

原因分析：因本标准对 GB/T 7674—2008 相关内容进行了引用，但本执行指导意见已将 DL/T 617—2010 列为主标准，故建议本标准中凡注明引用 GB/T 7674—2008 的条款在执行时应引用 DL/T 617—2010 的对应条款。

（2）标准中 5.2 条动态评价。

建议执行：在 d 项后增加第 e 项："新投运设备应在 1 个月内组织开展首次状态评价工作，并在 3 个月内完成。"

第 f 项："重大保电活动专项评价应在活动开始前至少提前 2 个月完成；电网迎峰度夏、度冬专项评价原则上在 4 月底和 9 月底前完成。"（Q/GDW 11074—2013《交流高压开关设备技术监督导则》中 5.9.4 条）

原因分析：因 DL/T 1688—2017 对新设备投运评价以及重大保电活动专项评价未作要求，而 Q/GDW 11074—2013 已有明确规定，故建议补充执行 Q/GDW 11074—2013 中 5.9.4 条规定。

6. 技术监督类

（1）Q/GDW 11074—2013《交流高压开关设备技术监督导则》。

本标准适用于 12～800kV 交流高压开关设备的技术监督工作，其他电压等级开关设备可参照执行。

额定电压 72.5～800kV 组合电器可研规划、工程设计、设备采购、设备制造、设备验收、设备安装、设备调试、竣工验收、运维检修、退役和报废等阶段的全过程技术监督内容，对设备的监督预警告警和整改的过程监督等应执行本标准。

标准条款执行指导意见：

标准中 5.9.4b 条："动态评价具体时限要求"。

建议执行：在该条款后补充："隐患评价。发布了家族缺陷，或同厂、同型、同期设备发布故障信息被列入反措的，宜在一月内完成评价。"（DL/T 1688—2017《气体绝缘金属封闭开关设备状态评价导则》中 5.2 条）

原因分析：因 Q/GDW 11074—2013 对隐患评价未作要求，而 DL/T 1688—2017 已有明确规定，故建议补充执行 DL/T 1688—2017 中 5.2 条规定。

（2）Q/GDW 11717—2017《电网设备金属技术监督导则》。

本标准适用于 10kV 及以上电网设备部件的金属技术监督。

额定电压 72.5kV 及以上组合电器用断路器、隔离开关、接地开关、互感器、绝缘子、套管、导地线、接地网、附属部件等电网设备金属技术监督的范围、项目、内容及相应的要求等应执行本标准。

标准条款执行指导意见：

1）本标准中注明引用 GB/T 1984—2014《高压交流断路器》的章节。

建议执行：执行时应引用 DL/T 402—2016《高压交流断路器》的对应章节。

原因分析：因本标准对 GB/T 1984—2014 相关内容进行了引用，但本执行指导意见已将 DL/T 402—2016 列为从标准，故建议本标准中凡注明引用 GB/T 1984—2014 的条款在执行时应引用 DL/T 402—2016 的对应条款。

2）本标准中注明引用 GB/T 1985—2014《高压交流隔离开关和接地开关》的章节。

建议执行：执行时应引用 DL/T 486—2010《高压交流隔离开关和接地开关》的对应章节。

原因分析：因本标准对 GB/T 1985—2014 相关内容进行了引用，但本执行指导意见已将 DL/T 486—2010 列为从标准，故建议本标准中凡注明引用 GB/T 1985—2014 的条款在执行时应引用 DL/T 486—2010 的对应条款。

3）本标准中注明引用 GB/T 11022—2011《高压开关设备和控制设备标准的共用技术要求》的章节。

建议执行：执行时应引用 DL/T 593—2016《高压开关设备和控制设备标准的共用技术要求》的对应章节，且应满足本标准执行指导意见中 DL/T 593—2016 的标准条款执行指导意见。

原因分析：因本标准对 GB/T 11022—2011 相关内容进行了引用，但本执行指导意见已将 DL/T 593—2016 列为主标准，故建议本标准中凡注明引用 GB/T 11022—2011 的条款在执行时应引用 DL/T 593—2016 的对应条款。

（3）Q/GDW 11083—2013《高压支柱瓷绝缘子技术监督导则》。

本标准适用于发电厂、变电站、换流站、串补站，户内和户外额定交流电压 72.5kV 及以上的高压支柱瓷绝缘子的技术监督工作。

额定电压 72.5kV 及以上组合电器用高压支柱瓷绝缘子可研规划、工程设计、设备采购、设备制造、设备验收、设备安装、设备调试、竣工验收、运维检修、退役和报废等阶段的全过程技术监督，以及对设备的监督预警告警和整改的过程监督等应执行本标准。

组合电器主/从标准与支撑标准对应表如表 7-13 所示。

表7-13 组合电器主/从标准与支撑标准对应表

标准分类	标准号	标准名称	支撑标准号	支撑标准名称
主标准	DL/T 617—2010	气体绝缘金属封闭开关设备技术条件	DL/T 402—2016	高压交流断路器（注：因DL/T 402已是标准，故支撑标准清单中未列入）
			DL/T 486—2010	高压交流隔离开关和接地开关（注：因DL/T 486已是从标准，故支撑标准清单中未列入）
			DL/T 593—2016	高压开关设备和控制设备标准的共用技术要求（注：因DL/T 593已是主标准，故支撑标准清单中未列入）
			GB/T 11022—2011	高压开关设备和控制设备标准的共用技术要求
			GB/T 7674—2008	额定电压72.5kV及以上气体绝缘金属封闭开关设备
	DL/T 593—2016	高压开关设备和控制设备标准的共用技术要求	GB/T 11022—2011	高压开关设备和控制设备标准的共用技术要求
	GB/T 24836—2018	1100kV气体绝缘金属封闭开关设备	DL/T 402—2016	高压交流断路器（注：因DL/T 402已是标准，故支撑标准清单中未列入）
			DL/T 486—2010	高压交流隔离开关和接地开关（注：因DL/T 486已是从标准，故支撑标准清单中未列入）
			DL/T 593—2016	高压开关设备和控制设备标准的共用技术要求（注：因DL/T 593已是主标准，故支撑标准清单中未列入）
			DL/T 617—2010	气体绝缘金属封闭开关设备技术条件（注：因DL/T 617已是主标准，故支撑标准清单中未列入）
			Q/GDW 315—2009	1000kV系统用气体绝缘金属封闭开关设备技术规范

续表

标准分类	标准号	标准名称	支撑标准号	支撑标准名称
部件元件类	NB/T 42025—2013	额定电压72.5kV及以上智能气体绝缘金属封闭开关设备	DL/T 402—2016	高压交流断路器（注：因 DL/T 402 已是从标准，故支撑标准清单中未列入）
			DL/T 486—2010	高压交流隔离开关和接地开关（注：因 DL/T 486 已是从标准，故支撑标准清单中未列入）
			DL/T 593—2016	高压开关设备和控制设备标准的共用技术要求（注：因 DL/T 593 已是主标准，故支撑标准清单中未列入）
	GB/T 22383—2017	额定电压72.5kV及以上刚性气体绝缘输电线路	DL/T 617—2010	气体绝缘金属封闭开关设备技术条件（注：因 DL/T 617 已是主标准，故支撑标准清单中未列入）
			DL/T 593—2016	高压开关设备和控制设备标准的共用技术要求（注：因 DL/T 593 已是主标准，故支撑标准清单中未列入）
	DL/T 402—2016	高压交流断路器		
	DL/T 486—2010	高压交流隔离开关和接地开关		
	GB/T 20840.2—2014	互感器 第2部分：电流互感器的补充技术要求		
	GB/T 20840.3—2013	互感器 第3部分：电磁式电压互感器的补充技术要求		
	GB/T 20840.7—2007	互感器 第7部分：电子式电压互感器		
	GB/T 20840.8—2007	互感器 第8部分：电子式电流互感器	DL/T 402—2016	高压交流断路器（注：因 DL/T 402 已是从标准，故支撑标准清单中未列入）

续表

标准 分类	标准号	标准名称	支撑标准号	支撑标准名称
部件元件类	GB/T 11032—2010	交流无间隙金属氧化物避雷器	DL/T 617—2010	气体绝缘金属封闭开关设备技术条件（注：因 DL/T 617 已是主标准，故支撑标准清单中未列入）
	Q/GDW 1307—2014	1000kV 交流系统用无间隙金属氧化物避雷器技术规范	DL/T 617—2010	气体绝缘金属封闭开关设备技术条件（注：因 DL/T 617 已是主标准，故支撑标准清单中未列入）
	GB/T 4109—2008	交流电压高于 1000V 的绝缘套管	DL/T 617—2010	气体绝缘金属封闭开关设备技术条件（注：因 DL/T 617 已是主标准，故支撑标准清单中未列入）
			DL/T 593—2016	高压开关设备和控制设备标准的共用技术要求（注：因 DL/T 593 已是主标准，故支撑标准清单中未列入）
	GB/T 22382—2017	额定电压 72.5kV 及以上气体绝缘金属封闭开关设备与电力变压器之间的直接连接	DL/T 617—2010	气体绝缘金属封闭开关设备技术条件（注：因 DL/T 617 已是主标准，故支撑标准清单中未列入）
			DL/T 593—2016	高压开关设备和控制设备标准的共用技术要求（注：因 DL/T 593 已是主标准，故支撑标准清单中未列入）
	DL/T 1408—2015	1000kV 交流系统用油—氟化硫套管技术规范	DL/T 593—2016	高压开关设备和控制设备标准的共用技术要求（注：因 DL/T 593 已是主标准，故支撑标准清单中未列入）
	JB/T 10549—2006	SF₆ 气体密度继电器和密度表通用技术条件		
	GB/T 25081—2010	高压带电显示装置（VPIS）	DL/T 593—2016	高压开关设备和控制设备标准的共用技术要求（注：因 DL/T 593 已是主标准，故支撑标准清单中未列入）
	GB/T 22381—2017	额定电压 72.5kV 及以上气体绝缘金属封闭开关设备与充流体及挤包绝缘电力电缆的连接充流体及干式电缆终端	DL/T 617—2010	气体绝缘金属封闭开关设备技术条件（注：因 DL/T 617 已是主标准，故支撑标准清单中未列入）
			DL/T 593—2016	高压开关设备和控制设备标准的共用技术要求（注：因 DL/T 593 已是主标准，故支撑标准清单中未列入）

续表

标准分类	标准号	标准名称	支撑标准号	支撑标准名称
部件元件类	NB/T 42105—2016	高压交流气体绝缘金属封闭开关设备用盆式绝缘子	DL/T 593—2016	高压开关设备和控制设备标准的共用技术要求（注：因 DL/T 593 已是主标准，故支撑标准清单中未列入）
	Q/GDW 11127—2013	1100kV 气体绝缘金属封闭开关设备用盆式绝缘子技术规范	DL/T 617—2010	气体绝缘金属封闭开关设备技术条件（注：因 DL/T 617 已是主标准，故支撑标准清单中未列入）
	Q/GDW 10673—2016	输变电设备外绝缘用防污闪辅助伞裙技术条件及使用导则	DL/T 593—2016	高压开关设备和控制设备标准的共用技术要求（注：因 DL/T 593 已是主标准，故支撑标准清单中未列入）
	Q/GDW 11716—2017	气体绝缘金属封闭开关设备用伸缩节技术规范	DL/T 617—2010	气体绝缘金属封闭开关设备技术条件（注：因 DL/T 617 已是主标准，故支撑标准清单中未列入）
	GB/T 567.1—2012	爆破片安全装置 第 1 部分：基本要求		
	DL/T 1430—2015	变电设备在线监测系统技术导则		
	Q/GDW 1430—2015	智能变电站智能控制柜技术规范		
	GB/T 12022—2014	工业六氟化硫		
	GB/T 34320—2017	六氟化硫电气设备用分子筛吸附剂使用规范		
原材料类	GB/T 28819—2012	充气高压开关设备用铝合金外壳	DL/T 617—2010	气体绝缘金属封闭开关设备技术条件（注：因 DL/T 617 已是主标准，故支撑标准清单中未列入）
			DL/T 593—2016	高压开关设备和控制设备标准的共用技术要求（注：因 DL/T 593 已是主标准，故支撑标准清单中未列入）
	JB/T 7052—1993	高压电器设备用橡胶密封件六氟化硫电器设备密封件技术条件		

标准分类	标准号	标准名称	支撑标准号	支撑标准名称
运维检修类	DL/T 603—2017	气体绝缘金属封闭开关设备运行维护规程	DL/T 402—2016	高压交流断路器（注：因 DL/T 402 已是从标准，故支撑标准清单中未列入）
			DL/T 617—2010	气体绝缘金属封闭开关设备技术条件（注：因 DL/T 617 已是主标准，故支撑标准清单中未列入）
			DL/T 969—2005	变电站运行导则
			DL/T 593—2016	高压开关设备和控制设备标准的共用技术要求（注：因 DL/T 593 已是主标准、故支撑标准清单中未列入）
	Q/GDW Z 211—2008	1000kV 特高压变电站运行规程	Q/GDW Z 211—2008	1000kV 特高压变电站运行规程（注：因 Q/GDW Z 211—2008 已是从标准，故支撑标准清单中未列入）
	DL/T 1689—2017	气体绝缘金属封闭开关设备状态检修导则	DL/T 617—2010	气体绝缘金属封闭开关设备技术条件（注：因 DL/T 617 已是主标准，故支撑标准清单中未列入）
	Q/GDW 10208—2016	1000kV 变电站检修管理规范		
	Q/GDW 10207.2—2016	1000kV 变电设备检修导则 第 2 部分：气体绝缘金属封闭开关	DL/T 593—2016	高压开关设备和控制设备标准的共用技术要求（注：因 DL/T 593 已是主标准、故支撑标准清单中未列入）
			DL/T 311—2010	1100kV 气体绝缘金属封闭开关设备检修导则

续表

标准 分类	标准号	标准名称	支撑标准号	支撑标准名称
	Q/GDW 11447—2015	10kV～500kV 输变电设备交接试验规程	GB 50150—2016	电气装置安装工程电气设备交接试验标准
	Q/GDW 1157—2013	750kV 电力设备交接试验规程	DL/T 618—2011	气体绝缘金属封闭开关设备现场交接试验规程
	Q/GDW 10310—2016	1000kV 电气装置安装工程电气设备交接试验规程	GB 50150—2016	电气装置安装工程电气设备交接试验标准
			GB/T 50832—2013	1000kV 系统电气装置安装工程电气设备交接试验标准
	Q/GDW 1168—2013	输变电设备状态检修试验规程	DL/T 593—2016	高压开关设备和控制设备的共用技术要求（注：因 DL/T 593 已是主标准，故支撑标准清单中未列入）
现场试验类			DL/T 393—2010	输变电设备状态检修试验规程
	GB/T 24846—2018	1000kV 交流电气设备预防性试验规程		
	Q/GDW 11059.1—2013	气体绝缘金属封闭开关设备带电测试技术现场应用导则 第 1 部分：超声波法	DL/T 1250—2013	气体绝缘金属封闭开关设备带电超声局部放电检测应用导则
	Q/GDW 11059.2—2013	气体绝缘金属封闭开关设备带电测试技术现场应用导则 第 2 部分：特高频法	DL/T 1630—2016	气体绝缘金属封闭开关设备局部放电特高频检测技术规范
	DL/T 664—2016	带电设备红外诊断应用规范		
	Q/GDW 11003—2013	高压电气设备紫外检测技术导则		
	Q/GDW 11305—2014	SF₆ 气体湿度带电检测技术现场应用导则		

续表

标准 分类	标准号	标准名称	支撑标准号	支撑标准名称
现场试验类	Q/GDW 11644—2016	SF₆ 气体纯度带电检测技术现场应用导则		
	Q/GDW 1896—2013	SF₆ 气体分解产物检测技术现场应用导则		
	DL/T 1300—2013	气体绝缘金属封闭开关设备现场冲击试验导则		
	Q/GDW 11366—2014	开关设备分合闸线圈电流波形带电检测技术现场应用导则		
状态评价类	DL/T 1688—2017	气体绝缘金属封闭开关设备状态评价导则	DL/T 617—2010	气体绝缘金属封闭开关设备技术条件（注：因 DL/T 617 已是主标准，故支撑标准清单中未列入）
			Q/GDW 11074—2013	交流高压开关设备技术监督导则（注：因 Q/GDW 11074—2013 已是从标准，故支撑标准清单中未列入）
技术监督类	Q/GDW 11074—2013	交流高压开关设备技术监督导则	DL/T 1688—2017	气体绝缘金属封闭开关设备状态评价导则（注：因 DL/T 1688—2017 已是从标准，故支撑标准清单中未列入）
	Q/GDW 11717—2017	电网设备金属技术监督导则	DL/T 402—2016	高压交流断路器（注：因 DL/T 402 已是从标准，故支撑标准清单中未列入）
			DL/T 486—2010	高压交流隔离开关和接地开关（注：因 DL/T 486 已是从标准，故支撑标准清单中未列入）
	Q/GDW 11083—2013	高压支柱瓷绝缘子技术监督导则	DL/T 593—2016	高压开关设备和控制设备的共用技术要求（注：因 DL/T 593 已是主标准，故支撑标准清单中未列入）

第八章

断路器技术标准执行指导意见

扫一扫
视频二维码

一、范围

本指导意见适用于 40.5～1100kV 电压等级的交流高压断路器（含瓷柱式断路器、罐式断路器、隔离断路器，以下简称断路器）设备，明确了断路器在运维检修阶段应执行的技术标准，并提出了部分条款的执行建议。

二、标准体系概况

本指导意见基于《国家电网公司技术标准体系表（2017 版）》，并参考了其他相关国家标准、行业标准、企业标准，共梳理出各类标准 50 项，其中，主标准 4 项、从标准 38 项、支撑标准 8 项。

（一）主标准

断路器主标准是指断路器的基础性技术标准。一般包括设备使用条件、额定参数、设计与结构、型式试验/出厂试验项目及要求等内容。断路器主标准共 4 项，标准清单详见表 8-1。

表 8-1　　　　　　　　　　　　　断路器主标准清单

序号	标准号	标准名称
1	DL/T 402—2016	高压交流断路器
2	DL/T 593—2016	高压开关设备和控制设备标准的共用技术要求
3	GB/T 24838—2018	1100kV 高压交流断路器
4	GB/T 27747—2011	额定电压 72.5kV 及以上交流隔离断路器

（二）从标准

断路器从标准是指断路器开展运维检修、现场试验、技术监督等工作应执行的技术标准，一般包括以下类别：部件元件类、原材料类、运维检修类、现场试验类、状态评价类、技术监督类。断路器从标准共 38 项，标准清单详见表 8-2。

82

表 8-2   断路器从标准清单

标准分类	序号	标准号	标准名称
部件元件类	1	GB/T 4787—2010	高压交流断路器用均压电容器
	2	GB/T 20840.2—2014	互感器 第2部分：电流互感器的补充技术要求
	3	GB/T 20840.8—2007	互感器 第8部分：电子式电流互感器
	4	DL/T 486—2010	高压交流隔离开关和接地开关
	5	JB/T 11203—2011	高压交流真空开关设备用固封极柱
	6	JB/T 8738—2008	高压交流开关设备用真空灭弧室
	7	GB/T 4109—2008	交流电压高于1000V的绝缘套管
	8	GB/T 23752—2009	额定电压高于1000V的电器设备用承压和非承压空心瓷和玻璃绝缘子
	9	Q/GDW 10673—2016	输变电设备外绝缘用防污闪辅助伞裙技术条件及使用导则
	10	Q/GDW 735.1—2012	智能高压开关设备技术条件 第1部分：通用技术条件
	11	DL/T 1430—2015	变电设备在线监测系统技术导则
	12	JB/T 10549—2006	SF_6气体密度继电器和密度表 通用技术条件
	13	GB/T 567.1—2012	爆破片安全装置 第1部分：基本要求
原材料类	1	JB/T 7052—1993	高压电器设备用橡胶密封件 六氟化硫电器设备密封件技术条件
	2	GB/T12022—2014	工业六氟化硫
运维检修类	1	DL/T 969—2005	变电站运行导则
	2	Q/GDW Z 211—2008	1000kV特高压变电站运行规程
	3	Q/GDW 11244—2014	SF_6断路器检修决策导则
	4	Q/GDW 172—2008	SF_6高压断路器状态检修导则
	5	Q/GDW 10208—2016	1000kV变电站检修管理规范
	6	Q/GDW 11651.2—2017	变电站设备验收规范 第2部分 断路器
现场试验类	1	Q/GDW11447—2015	10kV～500kV输变电设备交接试验规程
	2	Q/GDW 1157—2013	750kV电力设备交接试验规程
	3	Q/GDW 10310—2016	1000kV电气装置安装工程电气设备交接试验规程
	4	Q/GDW 1168—2013	输变电设备状态检修试验规程
	5	GB/T 24846—2018	1000kV交流电气设备预防性试验规程
	6	DL/T 664—2016	带电设备红外诊断应用规范
	7	Q/GDW 11003—2013	高压电气设备紫外检测技术导则
	8	Q/GDW 11305—2014	SF_6气体湿度带电检测技术现场应用导则

续表

标准分类	序号	标准号	标准名称
现场试验类	9	Q/GDW 11644—2016	SF_6 气体纯度带电检测技术现场应用导则
	10	Q/GDW 1896—2013	SF_6 气体分解产物检测技术现场应用导则
	11	Q/GDW 11059.1—2013	气体绝缘金属封闭开关设备局部放电带电测试技术现场应用导则　第1部分：超声波法
	12	Q/GDW 11059.2—2013	气体绝缘金属封闭开关设备局部放电带电测试技术现场应用导则　第2部分：特高频法
	13	Q/GDW 11366—2014	开关设备分合闸线圈电流波形带电检测技术现场应用导则
状态评价类	1	DL/T 1687—2017	六氟化硫高压断路器状态评价导则
技术监督类	1	Q/GDW 11074—2013	交流高压开关设备技术监督导则
	2	DL/T 1424—2015	电网金属技术监督规程
	3	Q/GDW 11083—2013	高压支柱瓷绝缘子技术监督导则

（三）支撑标准

断路器支撑标准是指支撑断路器主、从标准中相关条款执行指导意见的技术标准。断路器支撑标准共8项，其中，主标准的支撑标准1项，从标准的支撑标准7项。标准清单详见表8-3。

表8-3　　　　　　　　　断路器支撑标准清单

序号	标准号	标准名称	支撑类别
1	GB/T 11022—2011	高压开关设备和控制设备标准的共用技术要求	主标准
2	DL/T 1686—2017	六氟化硫高压断路器状态检修导则	从标准运维检修类
3	GB 50150—2016	电气装置安装工程电气设备交接试验标准	从标准现场试验类
4	DL/T618—2011	气体绝缘金属封闭开关设备现场交接试验规程	从标准现场试验类
5	DL/T 393—2010	输变电设备状态检修试验规程	从标准现场试验类
6	DL/T 596—1996	电力设备预防性试验规程	从标准现场试验类
7	Q/GDW 10171—2016	SF_6 高压断路器状态评价导则	从标准状态评价类
8	DL/T 595—2016	六氟化硫电气设备气体监督导则	从标准技术监督类

三、标准执行说明

（一）主标准

1. DL/T 402—2016《高压交流断路器》

本标准适用于设计安装在户内或户外且运行在频率 50Hz、电压为 3～1000kV 系统中的交流断路器，本标准与 DL/T 593—2016 一起使用。

额定电压 40.5～800kV 电压等级的断路器的使用条件、额定值、设计与结构、型式试验、出厂试验、选用导则、运输与储存、安全性、对环境的影响等方面的要求应执行本标准。

2. DL/T 593—2016《高压开关设备和控制设备标准的共用技术要求》

本标准是开关类设备的共用基础标准。本标准适用于电压 3.0kV 及以上、频率为 50Hz 的电力系统中运行的户内和户外交流高压开关设备和控制设备。

额定电压 40.5kV 及以上断路器的使用条件、额定值、设计与结构、型式试验、出厂试验、选用导则、运输与储存、安全性、对环境的影响等方面的要求应满足本标准。

标准条款执行指导意见：

标准中 4.3 条：额定绝缘水平中表 1 额定电压范围 I 的额定绝缘水平、表 2 额定电压范围 II 的额定绝缘水平。

建议执行（见表 8-4、表 8-5）：

表 8-4　　　　　　　　　　额定电压范围 I 的额定绝缘水平

额定电压 U_r (kV，有效值)	额定工频短时耐受电压 U_d (kV，有效值)		额定雷电冲击耐受电压 U_p (kV，峰值)	
	通用值	隔离断口	通用值	隔离断口
(1)	(2)	(3)	(4)	(5)
40.5	95/80	118/103	185/170	215/200
72.5	160	160＋（42）*	380*	380＋（59）*
126	230	230（＋73）*	550	550（＋103）*
252	460	460（＋146）*	1050	1050（＋206）*

注　1. 根据我国电力系统的实际，本表中的额定绝缘水平与 IEC 62271-1：2007 表 1a 的额定绝缘水平不完全相同。

2. 本表中项（2）和项（4）的数值取自 GB 311.1，斜线下的数值为中性点接地系统使用的数值，项（2）和项（3）斜线下的数值亦为湿试时的数值。

3. 126kV 和 252kV 项（3）中括号内的数值为 $1.0U_r/\sqrt{3}$，是加在对侧端子上的工频电压有效值，项（5）中括号内的数值为 $1.0U_r\sqrt{2}/\sqrt{3}$，是加在对侧端子上的工频电压峰值。

4. 隔离断口是指隔离开关、负荷-隔离开关的断口以及起联络作用的负荷开关和断路器的断口。

5. 带 * 的值来源于 GB/T 11022—2011 表 1。

表 8 - 5　　　　　　　　　　　额定电压范围Ⅱ的额定绝缘水平

额定电压 U_r (kV, 有效值)	额定短时工频耐受电压 U_d (kV, 有效值)		额定操作冲击耐受电压 U_s (kV, 峰值)			额定雷电冲击耐受电压 U_p (kV, 峰值)	
	相对地及相间	开关断口及隔离断口	相对地	相间	开关断口及隔离断口	相对地及相间	开关断口及隔离断口
(1)	(2)	(3)	(4)	(5)	(6)	(7)	(8)
363	510	510 (+210)	950	1425	850 (+295)	1175	1175 (+295)
550	740	740 (+318)*	1300	1950	1175 (+450)	1675	1675 (+450)
800	960	960 (+462)*	1550	2635*	1425 (+650)	2100	2100 (+650)
1100	1100	1100 (+635)	1800	2700	1675 (+900)	2400	2400 (+900)

注　1. 根据我国电力系统的实际，本表中的额定绝缘水平与 IEC 62271 - 1：2007 表 2a 的额定绝缘水平不完全相同。

　　2. 本表中项 (2)、项 (4)、项 (5)、项 (6) 和项 (7) 根据 GB311.1 的数值提出。

　　3. 本表中项 (3) 中括号内的数值为 $1.0U_r/\sqrt{3}$，是加在对侧端子上的工频电压有效值，项 (6) 和项 (8) 中括号内的数值为 $1.0U_r\sqrt{2}/\sqrt{3}$，是加在对侧端子上的工频电压峰值。

　　4. 本表中 1100kV 的数值是根据我国电力系统的需要而选定的数值。

　　5. 带 * 的值来源于 GB/T 11022—2011 表 2。

原因分析：根据从严原则，用 GB/T 11022—2011 中表 1、表 2 中较高的数值代替 DL/T 593—2016 中表 1、表 2 中相关数值。

3. GB/T 24838—2018《1100kV 高压交流断路器》

本标准适用于设计安装在户外且运行在频率 50Hz、电压为 1000kV 系统中的交流断路器。

额定电压 1100kV 断路器的使用条件、额定值、设计与结构、型式试验、选用导则、运输与储存等方面的要求应执行本标准。

标准条款执行指导意见：

(1) 本标准中注明引用 GB/T 1984—2014《高压交流断路器》的章节。

建议执行：执行时引用 DL/T 402—2016《高压交流断路器》的对应章节。

原因分析：因本标准对 GB/T 1984—2014 相关内容进行了引用，但本执行指导意见已将 DL/T 402—2016 列为主标准，故建议本标准中凡注明引用 GB/T 1984—2014 的条款在执行时应引用 DL/T 402—2016 的对应条款。

(2) 本标准中注明引用 GB/T 11022—2011《高压开关设备和控制设备标准的共用技术要求》的章节。

建议执行：执行时应引用 DL/T 593—2016《高压开关设备和控制设备标准

的共用技术要求》的对应章节，且应满足本标准执行指导意见中 DL/T 593—2016 的标准条款执行指导意见。

原因分析：因本标准对 GB/T 11022—2011 相关内容进行了引用，但本执行指导意见已将 DL/T 593—2016 列为主标准，故建议本标准中凡注明引用 GB/T 11022—2011 的条款在执行时应引用 DL/T 593—2016 的对应条款。

4. GB/T 27747—2011《额定电压 72.5kV 及以上交流隔离断路器》

本标准适用于设计安装在户内或户外且运行频率 50Hz 系统中的额定电压 72.5kV 及以上交流隔离断路器。

额定电压 72.5kV 及以上交流隔离断路器的使用条件、额定值、设计与结构、型式试验、选用导则、运输与储存等方面的要求应执行本标准。

标准条款执行指导意见：

（1）本标准中注明引用 GB/T 1984—2014《高压交流断路器》的章节。

建议执行：执行时引用 DL/T 402—2016《高压交流断路器》的对应章节。

原因分析：因本标准对 GB/T 1984—2014 相关内容进行了引用，但本执行指导意见已将 DL/T 402—2016 列为主标准，故建议本标准中凡注明引用 GB/T 1984—2014 的条款在执行时应引用 DL/T 402—2016 的对应条款。

（2）本标准中注明引用 GB/T 1985—2014《高压交流隔离开关和接地开关》的章节。

建议执行：执行时应引用 DL/T 486—2010《高压交流隔离开关和接地开关》的对应章节。

原因分析：因本标准对 GB/T 1985—2014 相关内容进行了引用，但本执行指导意见已将 DL/T 486—2010 列为从标准，故建议本标准中凡注明引用 GB/T 1985—2014 的条款在执行时应引用 DL/T 486—2010 的对应条款。

（3）本标准中注明引用 GB/T 11022—2011《高压开关设备和控制设备标准的共用技术要求》的章节。

建议执行：执行时应引用 DL/T 593—2016《高压开关设备和控制设备标准的共用技术要求》的对应章节，且应满足本标准执行指导意见中 DL/T 593—2016 的标准条款执行指导意见。

原因分析：因本标准对 GB/T 11022—2011 相关内容进行了引用，但本执行意见已将 DL/T 593—2016 列为主标准，故建议本标准中凡注明引用 GB/T 11022—2011 的条款在执行时应引用 DL/T 593—2016 的对应条款。

（二）从标准

1. 部件元件类

（1）GB/T 4787—2010《高压交流断路器用均压电容器》。

本标准适用于并联连接在高压交流断路器的断口上，用以改善电压分布、降低恢复电压上升率的均压电容器。

额定电压 252kV 及以上高压交流断路器用均压电容器的适用范围、术语、技术要求、试验、标志及安全等内容的要求应执行本标准。

(2) GB/T 20840.2—2014《互感器　第 2 部分：电流互感器的补充技术要求》。

本标准适用于供电气测量仪表或/和电气保护装置使用、频率为 15～100Hz 的新制造的电磁式电流互感器。

额定电压 40.5kV 及以上断路器配用电磁式电流互感器的额定值、设计与结构以及试验等方面的要求应执行本标准。

(3) GB/T 20840.8—2007《互感器　第 8 部分：电子式电流互感器》。

本标准适用于新制造的电子式电流互感器，它具有模拟量电压输出或数字量输出，供频率为 15～100Hz 的电气测量仪器和继电保护装置使用。

额定电压 40.5kV 及以上断路器配用电子式电压互感器的通用要求、正常和特殊使用条件、额定值、设计、试验、标志等方面的要求应执行本标准。

标准条款执行指导意见：

1) 本标准中注明引用 GB/T 1984—2014《高压交流断路器》的章节。

建议执行：执行时引用 DL/T 402—2016《高压交流断路器》的对应章节。

原因分析：因本标准对 GB/T 1984—2014 相关内容进行了引用，但本执行指导意见已将 DL/T 402—2016 列为主标准，故建议本标准中凡注明引用 GB/T 1984—2014 的条款在执行时应引用 DL/T 402—2016 的对应条款。

2) 本标准中注明引用 GB/T 11022—2011《高压开关设备和控制设备标准的共用技术要求》的章节。

建议执行：执行时应引用 DL/T 593—2016《高压开关设备和控制设备标准的共用技术要求》的对应章节，且应满足本标准执行指导意见中 DL/T 593—2016 的标准条款执行指导意见。

原因分析：因本标准对 GB/T 11022—2011 相关内容进行了引用，但本执行意见已将 DL/T 593—2016 列为主标准，故建议本标准中凡注明引用 GB/T 11022—2011 的条款在执行时应引用 DL/T 593—2016 的对应条款。

(4) DL/T 486—2010《高压交流隔离开关和接地开关》。

本标准适用于设计安装在户内或户外，且运行在频率 50Hz、标称电压 3000V 及以上的系统中，端子是封闭的和敞开的交流隔离开关和接地开关。

额定电压 72.5kV 及以上断路器用交流隔离开关和接地开关的使用条件、额定值、设计与结构、型式试验、出厂试验、选用导则、运输与储存、安全性、对环境的影响等应执行本标准。

标准条款执行指导意见：

本标准中注明引用 GB/T 11022—2011《高压开关设备和控制设备标准的共用技术要求》的章节。

建议执行：执行时应引用 DL/T 593—2016《高压开关设备和控制设备标准的共用技术要求》的对应章节，且应满足本标准执行指导意见中 DL/T 593—2016 的标准条款执行指导意见。

原因分析：因本标准对 GB/T 11022—2011 相关内容进行了引用，但本执行意见已将 DL/T 593—2016 列为主标准，故建议本标准中凡注明引用 GB/T 11022—2011 的条款在执行时应引用 DL/T 593—2016 的对应条款。

（5）JB/T 11203—2011《高压交流真空开关设备用固封极柱》。

本标准适用于额定电压 3.6kV 及以上、额定频率 50Hz 的高压交流真空开关设备用固封极柱。

额定电压 40.5kV 及以上断路器用固封极柱的使用条件、额定值、设计与机构、型式试验、出厂试验、包装、运输和贮存等内容的要求应执行本标准。

标准条款执行指导意见：

1）本标准中注明引用 GB/T 1984—2014《高压交流断路器》的章节。

建议执行：执行时引用 DL/T 402—2016《高压交流断路器》的对应章节。

原因分析：因本标准对 GB/T 1984—2014 相关内容进行了引用，但本执行指导意见已将 DL/T 402—2016 列为主标准，故建议本标准中凡注明引用 GB/T 1984—2014 的条款在执行时应引用 DL/T 402—2016 的对应条款。

2）本标准中注明引用 GB/T 1985—2014《高压交流隔离开关和接地开关》的章节。

建议执行：执行时应引用 DL/T 486—2010《高压交流隔离开关和接地开关》的对应章节。

原因分析：因本标准对 GB/T 1985—2014 相关内容进行了引用，但本执行指导意见已将 DL/T 486—2010 列为从标准，故建议本标准中凡注明引用 GB/T 1985—2014 的条款在执行时应引用 DL/T 486—2010 的对应条款。

3）本标准中注明引用 GB/T 11022—2011《高压开关设备和控制设备标准的共用技术要求》的章节。

建议执行：执行时应引用 DL/T 593—2016《高压开关设备和控制设备标准的共用技术要求》的对应章节，且应满足本标准执行指导意见中 DL/T 593—2016 的标准条款执行指导意见。

原因分析：因本标准对 GB/T 11022—2011 相关内容进行了引用，但本执行意见已将 DL/T 593—2016 列为主标准，故建议本标准中凡注明引用 GB/T

11022—2011 的条款在执行时应引用 DL/T 593—2016 的对应条款。

（6）JB/T 8738—2008《高压交流开关设备用真空灭弧室》。

本标准适用于额定电压 3.6kV 及以上、额定频率 50Hz 的开关设备用真空灭弧室。

额定电压 40.5kV 及以上断路器用真空灭弧室的使用条件、额定值、设计与机构、型式试验、出厂试验、包装、运输和贮存等方面的要求应执行本标准。

标准条款执行指导意见：

1）本标准中注明引用 GB/T 1984—2014《高压交流断路器》的章节。

建议执行：执行时引用 DL/T 402—2016《高压交流断路器》的对应章节。

原因分析：因本标准对 GB/T 1984—2014 相关内容进行了引用，但本执行指导意见已将 DL/T 402—2016 列为主标准，故建议本标准中凡注明引用 GB/T 1984—2014 的条款在执行时应引用 DL/T 402—2016 的对应条款。

2）本标准中注明引用 GB/T 11022—2011《高压开关设备和控制设备标准的共用技术要求》的章节。

建议执行：执行时应引用 DL/T 593—2016《高压开关设备和控制设备标准的共用技术要求》的对应章节，且应满足本标准执行指导意见中 DL/T 593—2016 的标准条款执行指导意见。

原因分析：因本标准对 GB/T 11022—2011 相关内容进行了引用，但本执行意见已将 DL/T 593—2016 列为主标准，故建议本标准中凡注明引用 GB/T 11022—2011 的条款在执行时应引用 DL/T 593—2016 的对应条款。

（7）GB/T 4109—2008《交流电压高于 1000V 的绝缘套管》。

本标准适用于设备最高电压高于 1000V、频率 15～60Hz 三相交流系统中的电器、变压器、开关等电力设备和装置中使用的套管。

额定电压 40.5kV 及以上罐式断路器绝缘套管的特性和试验等方面的要求应执行本标准。

（8）GB/T 23752—2009《额定电压高于 1000V 的电器设备用承压和非承压空心瓷和玻璃绝缘子》。

本标准适用于电器设备中普通用途的空心瓷和玻璃绝缘子、开关及控制设备中长期承受气体压力的空心瓷绝缘子。这些绝缘子用于交流额定电压不低于 1000V、频率不大于 100Hz 或直流额定电压不低于 1500V 的户内外电器设备。

额定电压 40.5kV 及以上断路器的支柱绝缘子、灭弧室瓷套和出线套管（在本标准中定义为"容器绝缘子"）的机械和尺寸特性、电气强度、检验规定特性值的条件、试验方法、接受准则、试验程序和试验参数等方面的要求应执行本标准。

标准条款执行指导意见：

1）本标准中注明引用 GB/T 1984—2014《高压交流断路器》的章节。

建议执行：执行时引用 DL/T 402—2016《高压交流断路器》的对应章节。

原因分析：因本标准对 GB/T 1984—2014 相关内容进行了引用，但本执行指导意见已将 DL/T 402—2016 列为主标准，故建议本标准中凡注明引用 GB/T 1984—2014 的条款在执行时应引用 DL/T 402—2016 的对应条款。

2）本标准中注明引用 GB/T 11022—2011《高压开关设备和控制设备标准的共用技术要求》的章节。

建议执行：执行时应引用 DL/T 593—2016《高压开关设备和控制设备标准的共用技术要求》的对应章节，且应满足本标准执行指导意见中 DL/T 593—2016 的标准条款执行指导意见。

原因分析：因本标准对 GB/T 11022—2011 相关内容进行了引用，但本执行意见已将 DL/T 593—2016 列为主标准，故建议本标准中凡注明引用 GB/T 11022—2011 的条款在执行时应引用 DL/T 593—2016 的对应条款。

（9）Q/GDW 10673—2016《输变电设备外绝缘用防污闪辅助伞裙技术条件及使用导则》。

本标准适用于 110（66）kV 及以上的交直流系统、环境温度-40～40℃条件下运行的输变电设备外绝缘用辅助伞裙。

额定电压 72.5kV 及以上断路器的外绝缘用防污闪辅助伞裙的基本技术要求、检验规则、包装与贮存、运行维护的技术要求应执行本标准。粘接胶应满足本标准 4.2 条要求。

（10）Q/GDW 735.1—2012《智能高压开关设备技术条件　第 1 部分：通用技术条件》。

本标准适用于 126kV（72.5kV）及以上电压等级智能高压开关设备，并作为这类产品设计、生产和检验的依据。

额定电压 72.5kV 及以上智能断路器的通用技术要求、试验方法、检验规则、标志、包装、运输及贮存等方面规定的智能相关要求应执行本标准。

标准条款执行指导意见：

1）本标准中注明引用 GB/T 1984—2014《高压交流断路器》的章节。

建议执行：执行时引用 DL/T 402—2016《高压交流断路器》的对应章节。

原因分析：因本标准对 GB/T 1984—2014 相关内容进行了引用，但本执行指导意见已将 DL/T 402—2016 列为主标准，故建议本标准中凡注明引用 GB/T 1984—2014 的条款在执行时应引用 DL/T 402—2016 的对应条款。

2）本标准中注明引用 GB/T 1985—2014《高压交流隔离开关和接地开关》

的章节。

建议执行：执行时应引用 DL/T 486—2010《高压交流隔离开关和接地开关》的对应章节。

原因分析：因本标准对 GB/T 1985—2014 相关内容进行了引用，但本执行指导意见已将 DL/T 486—2010 列为从标准，故建议本标准中凡注明引用 GB/T 1985—2014 的条款在执行时应引用 DL/T 486—2010 的对应条款。

3）本标准中注明引用 GB/T 11022—2011《高压开关设备和控制设备标准的共用技术要求》的章节。

建议执行：执行时应引用 DL/T 593—2016《高压开关设备和控制设备标准的共用技术要求》的对应章节，且应满足本标准执行指导意见中 DL/T 593—2016 的标准条款执行指导意见。

原因分析：因本标准对 GB/T 11022—2011 相关内容进行了引用，但本执行意见已将 DL/T 593—2016 列为主标准，故建议本标准中凡注明引用 GB/T 11022—2011 的条款在执行时应引用 DL/T 593—2016 的对应条款。

(11) DL/T 1430—2015《变电设备在线监测系统技术导则》。

本标准适用于变压器、电抗器、断路器、气体绝缘金属封闭开关设备（简称 GIS）、金属氧化物避雷器等变电设备的在线监测系统。

额定电压 40.5kV 及以上断路器的在线监测系统的架构、配置原则、功能要求、技术要求和试验、调试、验收等方面的要求应执行本标准。

(12) JB/T 10549—2006《SF_6 气体密度继电器和密度表 通用技术条件》。

本标准适用于 SF_6 气体密度继电器和密度表，作为设计、制造、检验、使用的依据。

额定电压 40.5kV 及以上断路器的 SF_6 气体密度继电器和密度表的分类、技术要求、检验方法、检验规则、标志、标签、使用说明书、包装、运输和贮存等内容的要求应执行本标准。

(13) GB/T 567.1—2012《爆破片安全装置 第 1 部分：基本要求》。

本标准适用于下列爆破片安全装置：压力容器、压力管道或其他密闭承压设备为防止超压或出现过度真空而使用的爆破片安全装置；爆破片安全装置中爆破压力不大于 500MPa，且不小于 0.001MPa。

额定电压 40.5kV 及以上断路器用爆破片安全装置的设计、制造、检验、试验、标记标识、包装储存、出厂文件等的技术要求应执行本标准。

2. 原材料类

(1) JB/T 7052—1993《高压电器设备用橡胶密封件 六氟化硫电器设备密封件技术条件》。

本标准适用于六氟化硫高压电器设备用橡胶密封件，也适用于其附属设备用橡胶密封件。

额定电压 40.5kV 及以上断路器用橡胶密封件的技术要求、试验方法、检验规则及包装、标志、运输、贮存方法等方面的要求应执行本标准。

（2）GB/T 12022—2014《工业六氟化硫》。

本标准适用于硫与氟激烈反应生成并经过精制的工业六氟化硫。该产品主要用于电力工业、冶金工业和气象部门。

额定电压 40.5kV 及以上断路器用六氟化硫的要求、试验方法、检验规则、标志、标签、包装、运输和贮存等方面的要求应执行本标准。

3. 运维检修类

（1）DL/T 969—2005《变电站运行导则》。

本标准适用于交流 35kV 及以上电压等级的变电站（含发电厂升压站）及监控中心的运行。

额定电压 40.5～800kV 断路器的运行，值班人员及相关专业人员进行设备运行、操作、异常及故障处理的行为准则等方面的要求应执行本标准。

（2）Q/GDW Z 211—2008《1000kV 特高压变电站运行规程》。

本标准适用于 1000kV 特高压变电站中的设备运行管理。

额定电压 1100kV 断路器的概况、运行方式、设备巡检、设备异常及事故处理、典型操作表、变电站图册等应执行本标准。

（3）Q/GDW 11244—2014《SF_6 断路器检修决策导则》。

本标准适用于电压等级为 40.5～800kV 的 SF_6 交流断路器的检修决策。

额定电压 40.5～800kV 的 SF_6 交流断路器的检修决策基本原则、检修分类、检修策略、整体及各部件状态量检修决策等方面要求应执行本标准。

标准条款执行指导意见：

1）标准中表 1 SF_6 断路器的检修分类和检修内容。

建议执行：在本标准表 1 B 类检修第 B.1 条"本体部件更换"和第 B.2 条"本体主要部件处理"中增加"罐体""电流互感器"。（DL/T 1686—2017《六氟化硫高压断路器状态检修导则》表 2 中第 B1.9、B3.3 条）

原因分析：因本标准表 1 中 B 类检修缺少 SF_6 高压断路器罐体、电流互感器更换及处理的检修内容，而 DL/T 1686—2017 已对此检修内容作出明确规定，根据从严原则，故建议补充执行 DL/T 1686—2017 相关规定。

2）本标准中注明引用 GB/T 1984—2014《高压交流断路器》的章节。

建议执行：执行时引用 DL/T 402—2016《高压交流断路器》的对应章节。

原因分析：因本标准对 GB/T 1984—2014 相关内容进行了引用，但本执行指导意见已将 DL/T 402—2016 列为主标准，故建议本标准中凡注明引用 GB/T 1984—2014 的条款在执行时应引用 DL/T 402—2016 的对应条款。

（4）Q/GDW 172—2008《SF$_6$ 高压断路器状态检修导则》。

本标准适用于国家电网公司系统 110（66）～750kV 电压等级 SF$_6$ 瓷柱式和罐式断路器的状态检修。

额定电压 72.5～800kV 高压 SF$_6$ 交流断路器的检修分类、状态检修策略等方面要求应执行本标准。

（5）Q/GDW 10208—2016《1000kV 变电站检修管理规范》。

本标准适用于国家电网公司交流 1000kV 特高压变电（开关）站现场检修管理。

额定电压 1100kV 断路器的检修计划及检修前准备、检修过程管理、抢修管理、技术资料及备品备件管理等方面的要求应执行本标准。

（6）Q/GDW 11651.2—2017《变电站设备验收规范　第 2 部分：断路器》。

本标准适用于交流断路器（瓷柱式断路器、罐式断路器）的验收。

额定电压 40.5～800kV 断路器的竣工（预）验收、启动验收各阶段验收工作的内容和要求应执行本标准。

标准条款执行指导意见：

1）本标准中注明引用 GB/T 1984—2014《高压交流断路器》的章节。

建议执行：执行时引用 DL/T 402—2016《高压交流断路器》的对应章节。

原因分析：因本标准对 GB/T 1984—2014 相关内容进行了引用，但本执行指导意见已将 DL/T 402—2016 列为主标准，故建议本标准中凡注明引用 GB/T 1984—2014 的条款在执行时应引用 DL/T 402—2016 的对应条款。

2）本标准中注明引用 GB/T 11022—2011《高压开关设备和控制设备标准的共用技术要求》的章节。

建议执行：执行时应引用 DL/T 593—2016《高压开关设备和控制设备标准的共用技术要求》的对应章节，且应满足本标准执行指导意见中 DL/T 593—2016 的标准条款执行指导意见。

原因分析：因本标准对 GB/T 11022—2011 相关内容进行了引用，但本执行意见已将 DL/T 593—2016 列为主标准，故建议本标准中凡注明引用 GB/T 11022—2011 的条款在执行时应引用 DL/T 593—2016 的对应条款。

4. 现场试验类

（1）Q/GDW 11447—2015《10kV～500kV 输变电设备交接试验规程》。

本标准适用于 10～500kV 新安装的、按照国家相关标准出厂试验合格的电气设备交接试验。

额定电压40.5～550kV断路器的交接试验项目和标准要求应按本标准执行。

标准条款执行指导意见：

1）标准中19.2.5条："SF₆气体在充入电气设备24h后，方可进行试验。"

建议执行：SF₆气体湿度测量必须在充气至额定气体压力下至少静止24h后进行。测量时，环境相对湿度一般不大于85％（DL/T 618—2011《气体绝缘金属封闭开关设备现场交接试验规程》中8.3条）。

原因分析：因本标准第19.2.5条未规定SF₆气体湿度测量时的环境相对湿度，而DL/T 618—2011相应条款更为全面，根据从严原则，故建议执行DL/T 618—2011中8.3条规定。

2）标准中C.1.2条："弹簧、液压操动机构的合闸线圈以及电磁操动机构的合闸接触器的动作要求，均应符合上项的规定。"

建议执行：弹簧、液压操动机构的合闸线圈以及电磁、永磁操动机构的合闸接触器的动作要求，均应符合本条第1款的规定（GB 50150—2016《电气装置安装工程电气设备交接试验标准》中E.0.1.2条）。

原因分析：因本标准第C.1.2条未包括"永磁操作机构"，而GB 50150—2016已对此内容作出明确规定，根据从严原则，故建议执行GB 50150—2016中E.0.1.2条规定，增加"永磁操动机构"内容，增加标准适用范围。

3）标准中C.3.2条："直流电磁或弹簧机构的操动试验，应按表C.4的规定进行；液压机构的操动试验，应按表C.4的规定进行。"

建议执行：直流电磁、永磁或弹簧机构的操动试验，应按表C.4的规定进行；液压机构的操动试验，应按表C.4的规定进行（GB 50150—2016《电气装置安装工程电气设备交接试验标准》中E.0.3.2条）。

原因分析：因本标准第C.3.2条未包括"永磁操作机构"，而GB 50150—2016已对此内容作出明确规定，根据从严原则，故建议执行GB 50150—2016中E.0.3.2条规定，增加"永磁操动机构"内容，增加标准适用范围。

（2）Q/GDW 1157—2013《750kV电力设备交接试验规程》。

本标准适用于750kV交流电力设备的交接试验。

额定电压800kV断路器交接试验的项目、要求和判定标准要求应执行本标准。

（3）Q/GDW 10310—2016《1000kV电气装置安装工程电气设备交接试验规程》。

本标准适用于特高压交流工程中1000kV电压等级电气设备的交接试验。

额定电压1100kV断路器现场交接试验项目、方法和判据要求应执行本标准。

标准条款执行指导意见：

本标准中注明引用 GB/T 1984—2014《高压交流断路器》的章节。

建议执行：执行时引用 DL/T 402—2016《高压交流断路器》的对应章节。

原因分析：因本标准对 GB/T 1984—2014 相关内容进行了引用，但本执行指导意见已将 DL/T 402—2016 列为主标准，故建议本标准中凡注明引用 GB/T 1984—2014 的条款在执行时应引用 DL/T 402—2016 的对应条款。

（4）Q/GDW 1168—2013《输变电设备状态检修试验规程》。

本标准适用于电压等级为 750 kV 及以下交直流输变电设备的状态检修试验。

额定电压 40.5～800kV 断路器巡检、检查和试验的项目、周期和技术要求应执行本标准。

标准条款执行指导意见：

1）标准中 4.4.1 条："调整后的试验周期一般不小于 1 年，也不大于基准周期的 2 倍。"

建议执行：调整后的基准周期一般不小于 1 年，也不大于本标准所列基准周期的 1.5 倍（DL/T 393—2010《输变电设备状态检修试验规程》4.4.1）。

原因分析：因 DL/T 393—2010 中 4.4.1 条规定，相较于本标准对应条款的规定更为严格，根据从严原则，故建议执行 DL/T 393—2010 中 4.4.1 条规定。

2）标准中表 32 真空断路器例行试验项目："主回路电阻测量要求：初值差＜30％。"

建议执行：主回路电阻测量要求：建议不大于 1.2 倍出厂值（DL/T 596—1996《电力设备预防性试验规程》表 13）。

原因分析：因 DL/T 596—1996 中对于回路电阻测量的相关规定，相较于本标准对应条款的规定更为严格，根据从严原则，故建议执行 DL/T 596—1996 相应规定。

3）标准中 5.8.2.2 条："试验电压为出厂试验值的 80％，耐压时间为 60s。"

建议执行：试验电压为出厂试验值的 80％，频率不超过 300Hz，耐压时间为 60s（DL/T 393—2010《输变电设备状态检修试验规程》中 5.7.2 条）。

补充执行：

1）罐式断路器的耐压试验方式：合闸对地；分闸状态两端轮流加压，另一端接地。建议在交流耐压试验的同时测量局部放电；

2）对瓷柱式定开距型断路器只作断口间耐压（DL/T 596—1996《电力设备预防性试验规程》表 10 第 4 条）。

原因分析：因本标准中 5.8.2.2 条未对 SF_6 断路器交流耐压试验的试验电压频率做出规定，也未能明确对罐式断路器的耐压试验方式和开距型断路器的试验要求，规定不够全面，根据从严原则，故建议补充执行 DL/T 393—2010 和 DL/T 596—1996 相应规定。

（5）GB/T 24846—2018《1000kV 交流电气设备预防性试验规程》。

本标准适用于 1000kV 交流电气设备的预防性试验。

额定电压 1100kV 断路器预防性试验的项目、周期、方法和判断标准应执行本标准。

（6）DL/T 664—2016《带电设备红外诊断应用规范》。

本标准适用于采用红外热像仪对具有电流、电压致热效应或其他致热效应引起表面温度分布特点的各种电气设备及以 SF_6 气体为绝缘介质的电气设备泄漏进行的诊断。

额定电压 40.5kV 及以上断路器的带电红外诊断的术语和定义、现场检测要求、现场操作方法、仪器管理和检验、红外检测周期、判断方法、诊断判据和缺陷类型的确定及处理方法等方面要求应执行本标准。

（7）Q/GDW 11003—2013《高压电气设备紫外检测技术导则》。

本标准适用于交直流输电线路和变电站/换流站高压电气设备放电类缺陷的紫外检测。

额定电压 40.5kV 及以上断路器外部放电类缺陷的紫外带电检测方法、缺陷的分析判别方法要求应执行本标准。

（8）Q/GDW 11305—2014《SF_6 气体湿度带电检测技术现场应用导则》。

本标准适用于 35kV 及以上电压等级以六氟化硫气体为绝缘介质的变压器、断路器、GIS、电压互感器、电流互感器等运行中电气设备气体湿度的带电检测。

额定电压 40.5kV 及以上断路器的六氟化硫气体湿度检测技术现场应用中的检测仪器要求、带电检测要求、带电检测方法、检测步骤和结果分析方法等方面要求应执行本标准。

（9）Q/GDW 11644—2016《SF_6 气体纯度带电检测技术现场应用导则》。

本标准适用于 35kV 及以上电压等级以 SF_6 气体为绝缘介质电气设备的气体纯度带电检测。

额定电压 40.5kV 及以上断路器 SF_6 气体纯度现场检测的检测原理、检测仪器要求、带电检测要求和带电检测方法等方面要求应执行本标准。

（10）Q/GDW 1896—2013《SF_6 气体分解产物检测技术现场应用导则》。

本标准适用于国家电网公司所属 SF_6 气体绝缘设备的监督和管理，对气体绝缘设备中 SF_6 气体分解产物的现场检测提供指导。

额定电压 40.5kV 及以上断路器 SF_6 气体分解产物现场检测项目、检测方法、检测周期、评价标准及安全防护等方面要求应执行本标准。

（11）Q/GDW 11059.1—2013《气体绝缘金属封闭开关设备局部放电带电测试技术现场应用导则　第1部分：超声波法》。

本标准适用于 35kV 及以上气体绝缘金属封闭开关设备的超声波局部放电现场检测，罐式断路器和 GIS 可参照执行。

额定电压 40.5kV 及以上罐式断路器超声波局部放电检测原理、检测仪器要求、带电检测要求及方法、检测周期、检测步骤和结果分析原则等方面要求应执行本标准。

（12）Q/GDW 11059.2—2013《气体绝缘金属封闭开关设备局部放电带电测试技术现场应用导则　第2部分：特高频法》。

本标准适用于 35kV 及以上气体绝缘金属封闭开关设备的特高频局部放电现场检测，罐式断路器和 GIS 可参照执行。

额定电压 40.5kV 及以上罐式断路器特高频局部放电检测原理、检测仪器要求、带电检测方法及要求、检测周期、检测步骤和分析原则等方面要求应执行本标准。

（13）Q/GDW 11366—2014《开关设备分合闸线圈电流波形带电检测技术现场应用导则》。

本标准适用于 12kV 及以上等级开关设备分合闸线圈电流波形带电检测技术现场应用。

额定电压 40.5kV 及以上断路器分合闸线圈电流波形检测原理、检测仪器要求、带电检测方法及要求、检测周期、检测步骤和分析原则等方面要求应执行本标准。

5. 状态评价类

DL/T 1687—2017《六氟化硫高压断路器状态评价导则》。

本标准适用于系统电压等级为 110（66）～750kV 的六氟化硫高压断路器状态评价。

额定电压 72.5～800kV 断路器运行中六氟化硫的状态信息分类、状态评价分类、状态评价基本要求、状态量的量化标准、部件及整体的评价方法等方面要求应执行本标准。

标准条款执行指导意见：

（1）标准中 4.4 其他信息条："主要包括同型、同厂、同类设备故障的情况，家族缺陷，相关反事故措施未执行情况和电网运行环境信息等。"

建议执行：补充执行设备的其他资料主要包括：同型（同类）设备的运行、修试、缺陷和故障的情况；设备运行环境的变化、系统运行方式的变化；安装地点短路电流计算报告；其他影响断路器安全稳定运行的因素等（Q/GDW 10171—2016《SF₆高压断路器状态评价导则》中 4.1.4 条）。

原因分析：因本标准中 4.4 条规定不够全面，根据从严原则，故建议补充执行 Q/GDW 10171—2016 中 4.1.4 条规定。

（2）标准中表 A.1 六氟化硫高压断路器本体状态量评价标准表。

建议执行：

1）在本标准表 A.1 第 1 条后增加"开断运行电流"条目（Q/GDW 10171—2016 表 A.1 第 5 条）如下：

序号	状态量		劣化程度	基本扣分	判断依据	影响因子	扣分值（基本扣分*影响因子）	备注
	分类	状态量名称						
2	运行	开断运行电流	Ⅳ	10	发生重燃现象	3		

2）本标准表 A.1 第 15 条增加下表条款（Q/GDW 10171—2016 表 A.1 第 18~21 条）：

15	运行	瓷套破损	Ⅲ	8	外观有面积微小的脱釉情况、掉瓷	3		
			Ⅳ	10	防污闪涂料憎水性降低	2		
			Ⅳ	10	外绝缘爬距不满足要求	3		

3）本标准表 A.1 第 33 条按下表执行（Q/GDW 10171—2016 表 A.1 第 37 条）：

33	检修试验	SF₆气体湿度	Ⅱ	4	运行中微水值大于 300μL/L			
			Ⅲ	8	运行中微水值大于 300μL/L 且有快速上升趋势	3		
			Ⅳ	10	运行中微水值大于 500μL/L 且有快速上升趋势			

4）本标准表 A.1 第 39 条后增加"额定电流"条目（Q/GDW 10171—2016 表 A.1 第 2 条）：

40	其他	额定电流	Ⅳ	10	额定电流小于实际运行电流	3		

原因分析：因本标准表 A.1 部分条款规定不够全面，根据从严原则，故建议补充执行 Q/GDW 10171—2016 相关规定。

（3）标准中表 A.2 液压机构状态量评价标准表。

建议执行：

在本标准表 A.2 第 9 条中增加"压力异常升高"条目（Q/GDW 10171—2016 表 A.2.2 第 3 条），如下：

9		液压机构压力及打压	Ⅲ	8	压力异常升高	3		

原因分析：因本标准表 A.2 条款规定不够全面，根据从严原则，故建议补充执行 Q/GDW 10171—2016 表 A.2.2 第 3 条规定。

（4）标准中表 A.2 第 29 条、A.3 第 32 条、A.4 第 28 条、A.5 第 36 条。

建议执行：

在本标准表 A.2 第 29 条、A.3 第 32 条、A.4 第 28 条、A.5 第 36 条之后增加"防跳继电器检查"条目（Q/GDW 10171—2016 表 A.2.1 第 32 条），如下：

防跳继电器检查	Ⅲ	8	防跳线电器功能检查不正常或不符合技术文件要求	3	

原因分析：因本标准表 A.2、A.3、A.4、A.5 条款规定不够全面，根据从严原则，故建议补充执行 Q/GDW 10171—2016 表 A.2.1 第 32 条规定。

（5）标准中表 A.6 并联电容状态量评价标准表。

建议执行：

在本标准表 A.6 第 6 条后增加"红外测温"条目（Q/GDW 10171—2016 表 A.3 第 8 条），如下：

红外测温	Ⅲ	8	以整体温升偏商或局部过热，温差大于 2K，且发热符合自从一侧至另一侧递减的规律	3	

原因分析：因本标准表 A.6 条款规定不够全面，根据从严原则，故建议补充执行 Q/GDW 10171—2016 中表 A.3 第 8 条规定。

（6）标准中表 A.7 合闸电阻状态量评价标准表。

建议执行：

a. 本标准表 A.7 第 1 条增加下表条目（Q/GDW 10171—2016 表 A.4 第 3 条，加粗为修订后的条款）：

序号	状态量		劣化程度	基本扣分	判断依据	影响因子	扣分值	备注
	类别	状态量名称						
1	运行	瓷套	瓷套污秽	Ⅳ	10	防污闪涂料憎水性降低	2		
				Ⅳ	10	外绝缘爬距不满足要求	3		

b. 在本标准表 A.7 第 4 条后增"合闸电阻预投时间"条目（Q/GDW 10171—2016 中表 A.4 第 6 条），如下：

4	检修试验	合闸电阻预投时间	Ⅳ	10	与初始值有明显偏差或不符合厂家要求	3

原因分析：因本标准表 A.7 部分条款规定不够全面，根据从严原则，故建议补充执行 Q/GDW 10171—2016 相关规定。

6. 技术监督类

（1）Q/GDW 11074—2013《交流高压开关设备技术监督导则》。

本标准适用于 35～800kV 交流高压断路器全过程技术监督。

额定电压 40.5～800kV 断路器的异常的检测、评估、分析、告警和整改的过程监督工作等方面要求应执行本标准。

标准条款执行指导意见：

1）标准中 5.7.3e）对于断路器和 GIS，应重点监督以下内容：

建议执行：在 5.7.3e）10）款后增加"支柱绝缘子运抵安装现场时要进行逐个外观检查和超声波探伤。"（Q/GDW 11083—2013《高压支柱瓷绝缘子技术监督导则》中 5.7.1.4 条）

原因分析：因 Q/GDW 11074—2013 中对于断路器安装调试阶段的监督内容未规定瓷柱式绝缘子的相关监督要求，而瓷柱式绝缘子的质量好坏直接影响到断路器的绝缘性能及机械强度，根据从严原则，故建议补充执行 Q/GDW 11083—2013 中 5.7.1.4 条规定。

2）标准中 5.9.4b）动态评价具体时限要求。

建议执行：在 5.9.4 b）5）款后增加"隐患评价。发布了家族缺陷，或同厂、同型、同期设备发布故障信息被列入反措的，宜在一月内完成评价"（DL/T 1688—2017《气体绝缘金属封闭开关设备状态评价导则》中 5.2 条）。

原因分析：因 Q/GDW 11074—2013 对隐患评价未作要求，而 DL/T 1688—2017 已有明确规定，故建议补充执行 DL/T 1688—2017 中 5.2 条规定。

（2）DL/T 1424—2015《电网金属技术监督规程》。

本标准适用于下列 750kV 及以下电压等级变电站和输电线路中设备及部件的金属技术监督。

额定电压 40.5～800kV 以上断路器的金属部件、结构支撑件、连接件的金属技术监督的内容和要求等应执行本标准。

（3）Q/GDW 11083—2013《高压支柱瓷绝缘子技术监督导则》。

本标准适用于发电厂、变电站、换流站、串补站，户内和户外额定交流电压 72.5kV 及以上的高压支柱瓷绝缘子的技术监督工作。

额定电压 72.5kV 及以上断路器用高压支柱瓷绝缘子全过程技术监督内容和要求应执行本标准。

断路器主/从标准与支撑标准对应表如表 8-6 所示。

表 8-6　　　　断路器主/从标准与支撑标准对应表

标准分类	标准号	标准名称	支撑标准号	支撑标准名称
主标准	DL/T 402—2016	高压交流断路器		
	DL/T 593—2016	高压开关设备和控制设备标准的共用技术要求	GB/T 11022—2011	高压开关设备和控制设备标准的共用技术要求（注：因 DL/T 402 已是主标准，故支撑标准清单中未列入）
	GB/T 24838—2018	1100kV 高压交流断路器	DL/T 402—2016	高压交流断路器（注：因 DL/T 402 已是主标准，故支撑标准清单中未列入）
			DL/T 593—2016	高压开关设备和控制设备标准的共用技术要求（注：因 DL/T 593 已是主标准，故支撑标准清单中未列入）
	GB/T 27747—2011	额定电压 72.5kV 及以上交流隔离断路器	DL/T 402—2016	高压交流断路器（注：因 DL/T 402 已是主标准，故支撑标准清单中未列入）
			DL/T 486—2010	高压交流隔离开关和接地开关（注：因 DL/T 486 已是从标准，故支撑标准清单中未列入）
			DL/T 593—2016	高压开关设备和控制设备标准的共用技术要求（注：因 DL/T 593 已是主标准，故支撑标准清单中未列入）
部件元件类	GB/T 4787—2010	高压交流断路器用均压电容器		
	GB/T 20840.2—2014	互感器 第 2 部分：电流互感器的补充技术要求		

续表

标准分类	标准号	标准名称	支撑标准号	支撑标准名称
部件元件类	GB/T 20840.8—2007	互感器 第8部分：电子式电流互感器	DL/T 402—2016	高压交流断路器（注：因DL/T 402已是主标准，故支撑标准清单中未列入）
			DL/T 593—2016	高压开关设备和控制设备标准的共用技术要求（注：因DL/T 593已是主标准，故支撑标准清单中未列入）
	DL/T 486—2010	高压交流隔离开关和接地开关	DL/T 593—2016	高压开关设备和控制设备标准的共用技术要求（注：因DL/T 593已是主标准，故支撑标准清单中未列入）
			DL/T 402—2016	高压交流断路器（注：因DL/T 402已是主标准，故支撑标准清单中未列入）
	JB/T 11203—2011	高压交流真空开关设备用固封极柱	DL/T 486—2010	高压交流隔离开关和接地开关（注：因DL/T 486已是从标准，故支撑标准清单中未列入）
			DL/T 593—2016	高压开关设备和控制设备标准的共用技术要求（注：因DL/T 593已是主标准，故支撑标准清单中未列入）
	JB/T 8738—2008	高压交流开关设备用真空灭弧室	DL/T 402—2016	高压交流断路器（注：因DL/T 402已是主标准，故支撑标准清单中未列入）
			DL/T 593—2016	高压开关设备和控制设备标准的共用技术要求（注：因DL/T 593已是主标准，故支撑标准清单中未列入）
	GB/T 4109—2008	交流电压高于1000V的绝缘套管		

续表

标准分类	标准号	标准名称	支撑标准号	支撑标准名称
部件元件类	GB/T 23752—2009	额定电压高于 1000V 的电器设备用承压和非承压空心瓷和玻璃绝缘子	DL/T 402—2016	高压交流断路器（注：因 DL/T 402 已是主标准，故支撑标准清单中未列入）
			DL/T 593—2016	高压开关设备和控制设备的共用技术要求（注：因 DL/T 593 已是主标准，故支撑标准清单中未列入）
	Q/GDW 10673—2016	输变电设备外绝缘用防污闪辅助伞裙技术条件及使用导则		
	Q/GDW 735.1—2012	智能高压开关设备技术条件 第 1 部分：通用技术条件	DL/T 402—2016	高压交流断路器（注：因 DL/T 402 已是主标准，故支撑标准清单中未列入）
			DL/T 486—2010	高压交流隔离开关和接地开关（注：因 DL/T 486 已是从标准，故支撑标准清单中未列入）
			DL/T 593—2016	高压开关设备和控制设备的共用技术要求（注：因 DL/T 593 已是主标准，故支撑标准清单中未列入）
	DL/T 1430—2015	变电设备在线监测系统技术导则		
	JB/T 10549—2006	SF₆ 气体密度继电器和密度表 通用技术条件		
	GB/T 567.1—2012	爆破片安全装置 第 1 部分：基本要求		
原材料类	GB/T 12022—2014	工业六氟化硫		
	JB/T 7052—1993	高压电器设备用橡胶密封件 六氟化硫电器设备密封件技术条件		

续表

标准分类	标准号	标准名称	支撑标准号	支撑标准名称
运维检修类	DL/T 969—2005	变电站运行导则		
	Q/GDW Z 211—2008	1000kV 特高压变电站运行规程		
			DL/T 1686—2017	六氟化硫高压断路器状态检修导则
	Q/GDW 11244—2014	SF₆ 断路器检修决策导则	DL/T 402—2016	高压交流断路器（注：因 DL/T 402 已是主标准，故支撑标准清单中未列入）
	Q/GDW 172—2008	SF₆ 高压断路器状态检修导则		
	Q/GDW 10208—2016	1000kV 变电站检修管理规范		
	Q/GDW 11651.2—2017	变电站设备验收规范 第 2 部分 断路器	DL/T 402—2016	高压交流断路器（注：因 DL/T 402 已是主标准，故支撑标准清单中未列入）
			DL/T 593—2016	高压开关设备和控制设备标准的共用技术要求（注：因 DL/T 593 已是主标准，故支撑标准清单中未列入）
现场试验类	Q/GDW 11447—2015	10kV～500kV 输变电设备交接试验规程	GB 50150—2016	电气装置安装工程电气设备交接试验标准
	Q/GDW 1157—2013	750kV 电力设备交接试验规程	DL/T 618—2011	气体绝缘金属封闭开关设备现场交接试验规程
	Q/GDW 10310—2016	1000kV 电气装置安装工程电气设备交接试验规程	DL/T 402—2016	高压交流断路器（注：因 DL/T 402 已是主标准，故支撑标准清单中未列入）

续表

标准分类	标准号	标准名称	支撑标准号	支撑标准名称
现场试验类	Q/GDW 1168—2013	输变电设备状态检修试验规程	DL/T 393—2010	输变电设备状态检修试验规程
	GB/T 24846—2018	1000kV 交流电气设备预防性试验规程	DL/T 596—1996	电力设备预防性试验规程
	DL/T 664—2016	带电设备红外诊断应用规范		
	Q/GDW 11003—2013	高压电气设备紫外检测技术导则		
	Q/GDW 11305—2014	SF₆ 气体湿度带电检测技术现场应用导则		
	Q/GDW 11644—2016	SF₆ 气体纯度带电检测技术现场应用导则		
	Q/GDW 1896—2013	SF₆ 气体分解产物检测技术现场应用导则		
	Q/GDW 11059.1—2013	气体绝缘金属封闭开关设备局部放电带电测试技术现场应用导则　第 1 部分：超声波法		
	Q/GDW 11059.2—2013	气体绝缘金属封闭开关设备局部放电带电测试技术现场应用导则　第 2 部分：特高频法		
	Q/GDW 11366—2014	开关设备分合闸线圈电流波形带电检测技术现场应用导则		

续表

标准分类	标准号	标准名称	支撑标准号	支撑标准名称
状态评价类	DL/T 1687—2017	六氟化硫高压断路器状态评价导则	Q/GDW 10171—2016	SF₆ 高压断路器状态评价导则
技术监督类	Q/GDW 11074—2013	交流高压开关设备技术监督导则	DL/T 1687—2017	六氟化硫高压断路器状态评价导则（注：因 DL/T 1687 已是从标准，故支撑标准清单中未列入）
			DL/T 595—2016	六氟化硫电气设备气体监督导则
			Q/GDW 11083—2013	高压支柱瓷绝缘子技术监督导则（注：因 Q/GDW 11083 已是从标准，故支撑标准清单中未列入）
	DL/T 1424—2015	电网金属技术监督规程		
	Q/GDW 11083—2013	高压支柱瓷绝缘子技术监督导则		

107

第九章

隔离开关技术标准执行指导意见

扫一扫
视频二维码

一、范围

本指导意见适用于额定电压 40.5～1100kV 电压等级的交流隔离开关及接地开关（以下简称隔离开关），明确了隔离开关在运维检修阶段应执行的技术标准，并提出了部分条款的执行建议。

二、标准体系概况

本指导意见基于《国家电网公司技术标准体系表（2017 版）》，并参考了其他相关国家标准、行业标准、企业标准，共梳理出各类标准 29 项，其中，主标准 3 项，从标准 20 项，支撑标准 6 项。

（一）主标准

隔离开关主标准是指隔离开关的基础性技术标准。一般包括设备使用条件、额定参数、设计与结构、型式试验/出厂试验项目及要求等内容。隔离开关主标准共 3 项，标准清单详见表 9 - 1。

表 9 - 1 隔离开关主标准清单

序号	标准号	标准名称
1	DL/T 486—2010	高压交流隔离开关和接地开关
2	DL/T 593—2016	高压开关设备和控制设备标准的共用技术要求
3	GB/T 24837—2018	1100kV 高压交流隔离开关和接地开关技术规范

（二）从标准

隔离开关从标准是指隔离开关开展运维检修、现场试验、技术监督等工作应执行的技术标准，一般包括以下类别：部件元件类、运维检修类、现场试验类、状态评价类、技术监督类。隔离开关从标准共 20 项，标准清单详见表 9 - 2。

表 9 - 2 　　　　　　　　　　　　隔离开关从标准清单

标准分类	序号	标准号	标准名称
部件元件类	1	GB/T 8287.1—2008	标称电压高于 1000V 系统用户内和户外支柱绝缘子第 1 部分：瓷或玻璃绝缘子的试验
	2	GB/T 8287.2—2008	标称电压高于 1000V 系统用户内和户外支柱绝缘子第 2 部分：尺寸与特性
	3	Q/GDW 10673—2016	输变电设备外绝缘用防污闪辅助伞裙技术条件及使用导则
运维检修类	1	DL 969—2005	变电站运行导则
	2	Q/GDW Z 211—2008	1000kV 特高压变电站运行规程
	3	Q/GDW 10208—2016	1000kV 变电站检修管理规范
	4	DL/T 1700—2017	隔离开关及接地开关状态检修导则
	5	Q/GDW 11245—2014	隔离开关和接地开关检修决策导则
	6	Q/GDW 11651.4—2017	变电站设备验收规范　第 4 部分：隔离开关
现场试验类	1	Q/GDW 11447—2015	10kV～500kV 输变电设备交接试验规程
	2	Q/GDW 1157—2013	750kV 电力设备交接试验规程
	3	Q/GDW 10310—2016	1000kV 电气装置安装工程电气设备交接试验规程
	4	Q/GDW 1168—2013	输变电设备状态检修试验规程
	5	GB/T 24846—2018	1000kV 交流电气设备预防性试验规程
	6	DL/T 664—2016	带电设备红外诊断应用规范
	7	Q/GDW 11003—2013	高压电气设备紫外检测技术导则
状态评价类	1	DL/T 1701—2017	隔离开关及接地开关状态评价导则
技术监督类	1	Q/GDW 11074—2013	交流高压开关设备技术监督导则
	2	Q/GDW 11717—2017	电网设备金属技术监督导则
	3	Q/GDW 11083—2013	高压支柱瓷绝缘子技术监督导则

（三）支撑标准

隔离开关支撑标准是指支撑隔离开关相关标准条款执行指导意见的技术标准。隔离开关支撑标准共 6 项，其中，主标准的支撑标准 2 项，从标准的支撑标准 4 项。标准清单详见表 9 - 3。

表 9 - 3　　　　　　　　　　　隔离开关支撑标准清单

序号	标准号	标准名称	支撑类别
1	GB/T 1985—2014	高压交流隔离开关和接地开关	主标准
2	GB/T 11022—2011	高压开关设备和控制设备标准的共用技术要求	主标准
3	GB/T 772—2005	高压绝缘子瓷件 技术条件	从标准部件元件类
4	GB 50150—2016	电气装置安装工程电气设备交接试验标准	从标准现场试验类
5	GB/T 50832—2013	1000kV 系统电气装置安装工程电气设备交接试验标准	从标准现场试验类
6	Q/GDW 450—2010	隔离开关状态评价导则	从标准状态评价类

三、标准执行说明

(一) 主标准

1. DL/T 486—2010《高压交流隔离开关和接地开关》

本标准适用于电压 3.0kV 及以上、频率为 50Hz 的电力系统中运行的户内和户外、端子是封闭或敞开的交流隔离开关和接地开关，以及它们的操动机构及其辅助设备。

额定电压 40.5～800kV 隔离开关的使用条件、额定值、设计与结构、型式试验、出厂试验、选用导则、运输与贮存、安全性、对环境的影响等方面的技术要求应执行本标准。

标准条款执行指导意见：

（1）标准中 4.103 条表 3 额定端子静态机械负荷。

建议执行（见表 9 - 4）：

表 9 - 4　　　　　　　　　　　额定端子静态机械负荷

额定电压 U_r (kV)	额定电流 (A)	双柱式或三柱式隔离开关		单柱式隔离开关		垂直力 F_{ca} (N)
		水平纵向负荷 F_{a1} 和 F_{a2} (N)	水平横向负荷 F_{b1} 和 F_{b2} (N)	水平纵向负荷 F_{a1} 和 F_{a2} (N)	水平横向负荷 F_{b1} 和 F_{b2} (N)	
12 24	b	500	250	—	—	300
31.5* 40.5 72.5	≤2500	800	500	800	500	750
	>2500	1000	750	1000	750	750

| 额定电压 U_r （kV） | 额定电流 （A） | 双柱式或三柱式隔离开关 | | 单柱式隔离开关 | | 垂直力 F_{ca} （N） |
		水平纵向负荷 F_{a1} 和 F_{a2} （N）	水平横向负荷 F_{b1} 和 F_{b2} （N）	水平纵向负荷 F_{a1} 和 F_{a2} （N）	水平横向负荷 F_{b1} 和 F_{b2} （N）	
126	≤2500	1000	750	1000	750	1000
	＞2500	1250	750	1250	750	1000
252	≤1600*	1500*	1000*	2000*	1500*	1000
	≥2000*	1500	1000	2000	1500	1250
363	≤2500*	2000	1500	2500	2000	1500
	≥3150*	2000	1500	2500	2000	1500
550	≤3150*	3000*	2000	4000	2000	2000
	4000*	3000*	2000	4000	2000	2000
800	≤3150	3000	2000	4000	3000	2000
	4000	3000	2000	4000	3000	2000

注 1. 31.5kV 隔离开关仅电气化铁道供电系统用。

2. F_{ca} 是模拟由连接导线的重量引起的向下的力。软导线的重量已计入纵向或横向力中。

3. 额定电流包含所有电流参数。

4. 带 * 数值取自 GB/T 1985—2014 中 4.102 条表 2。

（GB/T 1985—2014《高压交流隔离开关和接地开关》中 4.102 条表 2）

原因分析：根据从严原则，用 GB/T 1985—2014 中 4.102 条表 2 中的数值取代 DL/T 486—2010 中 4.103 条表 3 中较低的数值。

2. DL/T 593—2016《高压开关设备和控制设备标准的共用技术要求》

本标准是高压开关类设备的共用基础标准。本标准适用于电压 3.0kV 及以上、频率为 50Hz 及以下的电力系统中运行的户内和户外安装的交流开关设备和控制设备。

额定电压 40.5kV 及以上隔离开关的使用条件、额定值、设计与结构、型式试验、出厂试验、选用导则、运输与贮存、安全性、对环境的影响等方面的技术要求应满足本标准。

标准条款执行指导意见：

（1）标准中 4.2 条表 1 额定电压范围 I 的额定绝缘水平、表 2 额定电压范围 II 的额定绝缘水平。

建议执行（见表 9-5、表 9-6）：

表 9-5　　　　　　　　　　额定电压范围Ⅰ的额定绝缘水平

额定电压 U_r (kV, 有效值)	额定工频短时耐受电压 U_d (kV, 有效值)		额定雷电冲击耐受电压 U_p (kV, 峰值)	
	通用值	隔离断口	通用值	隔离断口
(1)	(2)	(3)	(4)	(5)
72.5	160	160＋（42）*	380*	380＋（59）*
126	230	230（＋73）*	550	550（＋103）*
252	460	460（＋146）*	1050	1050（＋206）*

注　1. 根据我国电力系统的实际，本表中的额定绝缘水平与 IEC 62271-1：2007 表 1a 的额定绝缘水平不完全相同。

　　2. 本表中项（2）和项（4）的数值取自 GB 311.1。

　　3. 126kV 和 252kV 项（3）中括号内的数值为 $1.0U_r/\sqrt{3}$，是加在对侧端子上的工频电压有效值，项（5）中括号内的数值为 $1.0U_r\sqrt{2}/\sqrt{3}$，是加在对侧端子上的工频电压峰值。

　　4. 隔离断口是指隔离开关、负荷-隔离开关的断口以及起联络作用的负荷开关和断路器的断口。

　　5. 带 * 的值来源于 GB/T 11022—2011 表 1。

表 9-6　　　　　　　　　　额定电压范围Ⅱ的额定绝缘水平

额定电压 U_r (kV, 有效值)	额定短时工频耐受电压 U_d (kV,有效值)		额定操作冲击耐受电压 U_s (kV,峰值)			额定雷电冲击耐受电压 U_p (kV,峰值)	
	相对地及相间	开关断口及隔离断口	相对地	相间	开关断口及隔离断口	相对地及相间	开关断口及隔离断口
(1)	(2)	(3)	(4)	(5)	(6)	(7)	(8)
363	510	510(＋210)	950	1425	850(＋295)	1175	1175(＋295)
550	740	740(＋318)*	1300	1950	1175(＋450)	1675	1675(＋450)
800	960	960(＋462)	1550	2635*	1425(＋650)	2100	2100(＋650)
1100	1100	1100(＋635)	1800	2700	1675(＋900)	2400	2400(＋900)

注　1. 根据我国电力系统的实际，本表中的额定绝缘水平与 IEC 62271-1：2007 表 2a 的额定绝缘水平不完全相同。

　　2. 本表中项（2）、项（4）、项（5）、项（6）和项（7）根据 GB 311.1 的数值提出。

　　3. 本表中项（3）中括号内的数值为 $1.0U_r/\sqrt{3}$，是加在对侧端子上的工频电压有效值，项（6）和项（8）中括号内的数值为 $1.0U_r\sqrt{2}/\sqrt{3}$，是加在对侧端子上的工频电压峰值。

　　4. 本表中 1100kV 的数值是根据我国电力系统的需要而选定的数值。

　　5. 带 * 的值来源于 GB/T 11022—2011 表 2。

　　（GB/T 11022—2011《高压开关设备和控制设备标准的共用技术要求》中 4.3 条表 1、表 2）

　　原因分析：根据从严原则，用 GB/T 11022—2011 中 4.3 条表 1、表 2 中的数值取代 DL/T 593—2016 中 4.2 条表 1、表 2 中较低的数值。

3. GB/T 24837—2018《1100kV 高压交流隔离开关和接地开关技术规范》

本标准适用于设计安装在户外、额定电压 1100kV 且运行频率 50Hz 的交流隔离开关和接地开关。

额定电压 1100kV 隔离开关的使用条件、额定值、设计与结构、型式试验、出厂试验、选用导则、运输、储存、安装、运行和维护等方面的要求应执行本标准。

标准条款执行指导意见：

(1) 本标准中注明引用 GB/T 11022—2011《高压开关设备和控制设备标准的共用技术要求》的章节。

建议执行：执行时应引用 DL/T 593—2016《高压开关设备和控制设备标准的共用技术要求》的对应章节，且应满足本标准执行指导意见中 DL/T 593—2016 的标准条款执行指导意见。

原因分析：因本标准对 GB/T 11022—2011 相关内容进行了引用，应与该标准一起使用，但本执行指导意见已将 DL/T 593—2016 列为主标准，故建议本标准中凡注明引用 GB/T 11022—2011 的条款在执行时应引用 DL/T 593—2016 的对应条款。

(2) 标准中 5.11 条联锁装置。

建议执行：在 5.11 条款末尾补充："隔离开关和接地开关之间应设联锁装置和/或电气联锁装置。隔离开关处于合闸位置时，接地开关不能合闸；接地开关处于合闸位置时，隔离开关不能合闸。机械联锁装置应有足够的机械强度、配合准确、联锁可靠。"(DL/T 486—2010《高压交流隔离开关和接地开关》中5.11 条)

原因分析：本标准中无相关要求，按照从严原则，对本标准进行补充。

(3) 标准中 6.7 条防护等级检验。

建议执行：在 6.7 条款末尾补充："户外隔离开关和接地开关应对整体进行防雨试验，试验方法见 DL/T 593 中附录 C。对某些设备还应考虑在分闸位置和合闸位置下分别进行试验。"(DL/T 486—2010《高压交流隔离开关和接地开关》中 6.7 条)

原因分析：本标准中无相关要求，按照从严原则，对本标准进行补充。

(4) 标准中 6.102 条操作和机械寿命试验。

建议执行：在 6.102 条后补充 DL/T486—2010《高压交流隔离开关和接地开关》中的 6.102.6 条联锁功能检验、6.102.7 条隔离开关和接地开关支持绝缘子整体抗弯强度试验（DL/T 486—2010《高压交流隔离开关和接地开关》中6.102.6、6.102.7 条)。

原因分析：本标准中无相关要求，按照从严原则，对本标准进行补充。

（5）标准中6型式试验条。

建议执行：在6.109条后补充DL/T 486—2010《高压交流隔离开关和接地开关》第6.110条外壳的压力耐受试验、6.111条内部故障电弧试验、6.112条款抗震试验（DL/T 486—2010《高压交流隔离开关和接地开关》中6.110、6.111、6.112条）。

原因分析：本标准中无相关要求，根据从严原则，对本标准进行补充。

（6）标准中7.2主回路的绝缘试验条。

建议执行：在7.2条末尾补充"对于采用压缩气体作为绝缘的设备，试验时应使用制造厂规定的最低功能压力（密度）。

高压开关设备所用有机材料绝缘件在组装之前应进行5min工频耐压试验并测量局部放电量，合格后方可使用。

根据用户的要求，有些产品可能还需要进行操作冲击或雷电冲击耐压试验。"

（DL/T 593—2016《高压开关设备和控制设备标准的共用技术要求》中7.1条）

原因分析：本标准中无相关要求，按照从严原则，对本标准进行补充。

（7）标准中7.101条机械操作试验。

建议执行：DL/T 486—2010《高压交流隔离开关和接地开关》中7.6条机械特性和机械操作试验（DL/T 486—2010《高压交流隔离开关和接地开关》中7.6条）。

原因分析：本标准中相关要求不完整，根据从严原则，对本标准相关要求进行替换。

（二）从标准

1. 部件元件类

（1）GB/T 8287.1—2008《标称电压高于1000V系统用户内和户外支柱绝缘子 第1部分：瓷或玻璃绝缘子的试验》。

本标准适用于交流标称电压高于1000V、频率不超过100Hz的电气装置或设备用户内和户外支柱瓷或玻璃绝缘子及其元件。

额定电压40.5kV及以上隔离开关用支柱绝缘子所涉及的使用术语、电气和机械特性、特性值的验证条件、试验方法以及接收标准等要求应执行本标准。

标准条款执行指导意见：

1）标准中3.1.1条型式试验。

建议执行：在本条款中增加"每项试验的试品数量大型及特大型瓷件为3只（对于破坏性试验项目允许抽1只），小型瓷件为5只。"（GB/T 772—2005《高压绝缘子瓷件 技术条件》中5.4条）

原因分析：因 GB/T 8287.1—2008 3.1.1 条中没有型式试验抽检数量要求，而 GB/T 772—2005《高压绝缘子瓷件 技术条件》中 5.4 条中明确了型式试验抽检数量，根据从严原则，故对本条款进行补充。

2）标准中 5.1.1 条一般要求。

除非供需双方另有协议，未标注偏差尺寸的规定允许偏差为：

当 $d \leqslant 300$ 时，$\pm (0.04d+1.5)$ mm；

当 $d > 300$ 时，$\pm (0.025d+6)$ mm。

式中 d 为被检尺寸，单位 mm。

建议执行：瓷件一般尺寸偏差应符合表 9-7 的规定。

表 9-7　　　　　　瓷件一般尺寸偏差

瓷件公称尺寸 d	允许偏差	
	有限结构	无限结构
$d \leqslant 45$	±1.5	±2.0
$45 < d \leqslant 60$	±2.0	±2.5
$60 < d \leqslant 70$	±2.5	±3.0
$70 < d \leqslant 80$	±3.0	±4.0
$80 < d \leqslant 90$	±3.5	±4.5
$90 < d \leqslant 110$	±4.0	±5.0
$110 < d \leqslant 125$	±4.5	±6.0
$125 < d \leqslant 140$	±5.0	±6.5
$140 < d \leqslant 155$	±6.0	±7.5
$155 < d \leqslant 170$	±6.5	±8.0
$170 < d \leqslant 185$	±7.0	±9.0
$185 < d \leqslant 200$	±7.5	±9.5
$200 < d \leqslant 250$	±8.0	±10.5
$250 < d \leqslant 300$	±8.5	±11.5
$300 < d \leqslant 350$	±9.0	±12.5
$350 < d \leqslant 400$	±10.0	±14.5
$400 < d \leqslant 450$	±12.0	±16.5
$450 < d \leqslant 500$	±13.0	±18.0
$500 < d \leqslant 600$	±15.0	±21.0
$600 < d \leqslant 700$	±16.0	±23.0
$700 < d \leqslant 800$	±18.0	±26.0
$800 < d \leqslant 900$	±19.0	±28.0
$900 < d \leqslant 1000$	±20.0	±30.0
$d > 1000$	$\pm (0.015d+5)$	$\pm (0.025d+5)$

（GB/T 772—2005《高压绝缘子瓷件　技术条件》中 4.1.1 条表 1）

原因分析：因 GB/T 772—2005《高压绝缘子瓷件　技术条件》中 4.1.1 条规定的表 1 中的对瓷件一般尺寸偏差要求严于 GB/T 8287.1—2008 中 5.1.1 条的要求，根据从严原则，故对本条款进行修改。

3）标准中 5.1 条尺寸检查——型式试验和抽样试验。

建议执行：在本条款末尾增加：

"4.1.3 壁厚偏差（未研磨瓷套）

瓷套壁厚偏差应符合表 2 的规定。

表 2		壁　厚　偏　差		mm
公称壁厚 t	壁厚允许偏差	公称壁厚 t	壁厚允许偏差
$t<10$	$+a/-1.5$	$25\leqslant t<30$	$+a/-4.0$
$10\leqslant t<15$	$+a/-2.0$	$30\leqslant t<40$	$+a/-4.5$
$15\leqslant t<20$	$+a/-3.0$	$40\leqslant t<55$	$+a/-5.0$
$20\leqslant t<25$	$+a/-3.5$	$55\leqslant t<70$	$+a/-6.0$

注 1：a 由下式确定

$$a=\frac{x+y}{2}$$

式中，x，y 为内径 d_1 和外径 d_2 的公差。

注 2：公称壁厚为

$$t=\frac{d_2-d_1}{2}$$

4.1.4 瓷件磨削部位的直径尺寸偏差

瓷件磨削部位的直径尺寸偏差应符合表 3 的规定。如无偏差等级要求应按表 1 的规定。

表 3	瓷件磨削部位的直径尺寸允许偏差		mm
直径 D	偏差等级		
	Ⅰ级	Ⅱ级	Ⅲ级
$D\leqslant250$	±0.9	±2.5	±3.5
$250<D\leqslant315$	±1.0	±2.5	±4.0
$315<D\leqslant400$	±1.2	±3.0	±4.5
$400<D\leqslant500$	±1.2	±3.0	±5.0
$500<D\leqslant630$	±1.4	±3.5	±5.5
$630<D\leqslant800$	±1.6	±4.0	±6.0
$800<D\leqslant1000$	±1.8	±4.5	±7.0

4.1.5 瓷件不上釉部位的尺寸偏差

瓷件不上釉部位的尺寸偏差不应超过±5.0 mm，或由供需双方协议。

4.2.2 瓷件经磨削后的形位公差及表面粗糙度

4.2.2.1 瓷件两端面平行度不应超过：

等级Ⅰ 0.18%Dmm

等级Ⅱ 0.35%Dmm

等级Ⅲ 0.52%Dmm

式中 D——瓷件直径，mm。

4.2.2.2 瓷件的上下端同轴度不应超过：

等级Ⅰ 0.15%Hmm

等级Ⅱ 0.25%Hmm

等级Ⅲ 0.30%Hmm

式中 H——瓷件长（高）度，mm。

4.2.2.3 瓷件端面的粗糙度不应大于表4的规定。

表4　　　　　　　　　　　　　　磨削端面粗糙度

表面粗糙度 Ra（mm）	25	12.5	6.3	3.2	1.6
适用范围	无密封要求，只是由于制造上的原因需要磨削时		油密封面	气体密封面	特殊要求的光

注　检查时，一般可采用试品与标样（瓷）凭目力观测的方法进行比较，必要时采用仪器进行测量。"

（GB/T 772—2005《高压绝缘子瓷件 技术条件》中 4.1.3、4.1.4、4.1.5、4.2.2条）

原因分析：因 GB/T 8287.1—2008 中 5.1 条中没有绝缘子壁厚偏差、瓷件磨削部位的直径尺寸偏差、瓷件不上釉部位的尺寸偏差、瓷件经磨削后的形位公差及表面粗糙度的要求，而 GB/T 772—2005《高压绝缘子瓷件 技术条件》4.1.3、4.1.4、4.1.5、4.2.2条中明确了相关要求，根据从严原则，故对本条款进行补充。

4）标准中 5.1.3 条特殊偏差。

建议执行：在本条款中增加"当瓷件主体长度 H 与直径 D 的比值 $H/D>6$ 时，瓷件轴线的直线度由供需双方协议。"（GB/T 772—2005《高压绝缘子瓷件 技术条件》中 4.2.1.2 条）

原因分析：因 GB/T 8287.1—2008 中 5.1 条中未对瓷件主体长度 h 与直径 D 的比值 $h/D>6$ 的情况进行规定，而 GB/T 772—2005《高压绝缘子瓷件 技术条件》中 4.2.1.2 条中包含该部分的内容，根据从严原则，故对本条款进行补充。

5）标准中 5.8.1 条支柱瓷绝缘子。

建议执行：在本条款中增加：

"堆釉、折痕的高度或深度应不超过表 5 的规定，刀痕和波纹的深度不超过 0.5mm，这些缺陷不计算面积。

瓷件焙烧支承面不上釉部位不算缺陷，但其不上釉高度不应超过下表的规定，超过部分按缺釉计算其面积。磨削部位表面不算作缺釉。

瓷件焙烧支承面不上釉高度

瓷件类别	1	2～4	5～7
不上釉高度（mm）	≤3	≤5	≤10

瓷件表面缺陷超过本标准规定时，缺陷的修补应由供需双方协议。"

（GB/T 772—2005《高压绝缘子瓷件 技术条件》中 4.3.6、4.3.7、4.3.9 条）

原因分析：因 GB/T 8287.1—2008 中 5.8.1 条中未包含堆釉、折痕的高度或深度及不上釉高度的要求，而 GB/T 772—2005《高压绝缘子瓷件 技术条件》中 4.3.6、4.3.7、4.3.9 条中明确了相关要求，根据从严原则，故对本条款进行补充。

（2）GB/T 8287.2—2008《标称电压高于 1000V 系统用户内和户外支柱绝缘子 第 2 部分：尺寸与特性》。

本标准适用于交流标称电压高于 1000V、频率不超过 100Hz 的交流系统中运行的电气装置或设备用的户内或户外支柱瓷或玻璃绝缘子及其元件，以及户内有机材料支柱绝缘子。

额定电压 40.5kV 及以上隔离开关用支柱绝缘子的电气特性、机械特性和尺寸特性等技术要求应执行本标准。

（3）Q/GDW 10673—2016《输变电设备外绝缘用防污闪辅助伞裙技术条件及使用导则》。

本标准适用于 110（66）kV 及以上的交直流系统、环境温度－40～40℃条件下运行的输变电设备外绝缘用辅助伞裙。

额定电压 126kV 及以上隔离开关支柱绝缘子外绝缘用防污闪辅助伞裙的基本技术要求、检验规则、包装与贮存、运行维护的技术要求应执行本标准。

2. 运维检修类

（1）DL 969—2005《变电站运行导则》。

本导则适用于交流 35kV 及以上电压等级的变电站（含发电厂升压站）及监控中心。

额定电压 40.5～800kV 隔离开关在运行、操作、异常及故障处理等方面的要求应执行本标准。

（2）Q/GDW Z 211—2008《1000kV 特高压变电站运行规程》。

本标准适用于 1000kV 特高压变电站中的设备运行管理。

额定电压 1100kV 隔离开关的概况、运行方式、设备巡检、设备异常及事故处理、典型操作表、变电站图册等应执行本标准。

（3）Q/GDW 10208—2016《1000kV 变电站检修管理规范》。

本标准适用于国家电网公司交流 1000kV 特高压变电（开关）站现场检修管理。

额定电压 1100kV 隔离开关的检修计划及检修前准备、检修过程管理、抢修管理、技术资料及备品备件管理等方面的要求应执行本标准。

（4）DL/T 1700—2017《隔离开关及接地开关状态检修导则》。

本标准适用于系统电压等级为 110（66）～750kV 的敞开式交流隔离开关及接地开关。

额定电压 126～800kV 隔离开关在状态检修时间、内容和类别等方面的技术要求应执行本标准。

（5）Q/GDW 11245—2014《隔离开关和接地开关检修决策导则》。

本标准适用于电压等级为 40.5～800kV 的交流隔离开关和接地开关设备。

额定电压 40.5～800kV 隔离开关的检修决策基本原则、检修分类、检修策略、整体及各部件状态量检修决策等要求应执行本标准。

标准条款执行指导意见：

1）本标准中注明引用 GB/T 1985—2014《高压交流隔离开关和接地开关》的章节。

建议执行：执行时应引用 DL/T 486—2010《高压交流隔离开关和接地开关》的对应章节。

原因分析：因本标准对 GB/T 1985—2014 相关内容进行了引用，应与该标准一起使用，但本执行指导意见已将 DL/T 486—2010 列为主标准，故建议本标准中凡注明引用 GB/T 1985—2014 的条款在执行时应引用 DL/T 486—2010 的对应条款。

（6）Q/GDW 11651.4—2017《变电站设备验收规范 第 4 部分：隔离开关》。

本部分适用于 35kV（10kV）及以上交流变电站站内隔离开关的验收工作。

额定电压 40.5kV 及以上隔离开关的到货验收、竣工（预）验收、启动验收等验收工作的方式、内容和要求应执行本标准。

标准条款执行指导意见：

1）本标准中注明引用 GB/T 1985—2014《高压交流隔离开关和接地开关》

的章节。

建议执行：执行时应引用 DL/T 486—2010《高压交流隔离开关和接地开关》的对应章节。

原因分析：因本标准对 GB/T 1985—2014 相关内容进行了引用，应与该标准一起使用，但本执行指导意见已将 DL/T 486—2010 列为主标准，故建议本标准中凡注明引用 GB/T 1985—2014 的条款在执行时应引用 DL/T 486—2010 的对应条款。

3. 现场试验类

(1) Q/GDW 11447—2015《10kV—500kV 输变电设备交接试验规程》。

本标准适用于 10～500kV 新安装的、按照国家相关标准出厂试验合格的电气设备交接试验。本标准不适用于配电设备。

额定电压 40.5～550kV 隔离开关的交接试验项目和标准要求应执行本标准。

标准条款执行指导意见：

1) 标准中 8.5 条表 17 隔离开关和接地开关试验项目和标准要求。

建议执行（见表 9 - 11）：

表 9 - 11　　　　　　　　　隔离开关和接地开关试验项目和标准要求

序号	试验项目	标准要求					说明
1	绝缘电阻	1) 整体对地的绝缘电阻，参照制造厂的规定 2) 在常温绝缘拉杆的绝缘电阻，不低于：					用 2500V 绝缘电阻表
		额定电压 （kV）	12	24～ 40.5	72.5～ 252	363～ 550	
		绝缘电阻值 （MΩ）	1200	3000	6000	10000	
2	辅助回路和控制回路绝缘电阻	绝缘电阻不低于 10MΩ					用 2500V 绝缘电阻表
3	导电回路电阻	不应大于出厂值的 120%，且不超过产品技术条件规定					应采用直流压降法测量，电流不小于 100A
4	交流耐压试验	1) 35kV 及以下电压等级的隔离开关应进行交流耐压试验，可在母线安装完毕后一起进行； 2) 试验电压值见附录 B					如果隔离开关的绝缘仅由实心绝缘子和处在大气压力下的空气提供，只要检查了导电部分之间（相间、断口间以及导电部分和底架间）的尺寸，公频耐受试验可以省略

序号	试验项目	标准要求	说明
5	操动机构线圈的最低动作电压	最低动作电压一般在操作电源额定电压的30%～80%范围内	气动或液压应在额定压力下进行
6	操动机构合闸接触器及分、合闸电磁铁的最低动作电压	1）电动、气动或液压操动机构在额定操作电压（气压或液压）下分、合闸5次，动作应正常； 2）手动操动机构操作应灵活，无卡涩； 3）机械或电气闭锁装置准确可靠	
7	瓷质绝缘子探伤试验	见第16章	见第16章
8	操作机构试验*	1. 动力式操动机构的分、合闸操作，当其电压或气压在下列范围时，应保证隔离开关的主闸刀或接地闸刀可靠地分闸和合闸： 1）电动机操动机构：当电动机接线端子的电压在其额定电压的80%～110%范围内时； 2）压缩空气操动机构：当气压在其额定气压的85%～110%范围内时； 3）二次控制线圈和电磁闭锁装置：当其线圈接线端子的电压在其额定电压的80%～110%范围内时。 2. 隔离开关的机械或电气闭锁装置应准确可靠。 3. 具有可调电源时，可进行高于或低于额定电压的操动试验	

注 带 * 的部分来源于 GB 50150—2016《电气装置安装工程电气设备交接试验标准》14.0.7。

（GB 50150—2016《电气装置安装工程电气设备交接试验标准》中 14.0.7 条）

原因分析：因 Q/GDW 11447—2015 8.5 中未包含操作机构的试验的要求，而 GB 50150—2016《电气装置安装工程电气设备交接试验标准》中 14.0.7 条明确了该部分的相关内容，根据从严原则，故对本条款进行补充。

（2）Q/GDW 1157—2013《750kV 电力设备交接试验规程》。

本标准适用于 750kV 交流电力设备的交接试验。

额定电压 800kV 隔离开关的交接试验的项目、要求和判断标准应执行本标准。

标准条款执行指导意见：

1）标准中 15.1 条交接试验项目。

建议执行：在本条款中增加："检查操动机构线圈的最低动作电压，应符合

制造厂的规定。"（GB 50150—2016《电气装置安装工程电气设备交接试验标准》中 14.0.6 条）

原因分析：因 Q/GDW 1157—2013 中 15.1 条中未包含操动机构线圈的最低动作电压的要求，而 GB 50150—2016《电气装置安装工程电气设备交接试验标准》中 14.0.6 条提出了该要求，根据从严原则，故对本条款进行补充。

2）标准中 15.2 条测量绝缘电阻。

建议执行：在本条款中增加："测量绝缘电阻，应符合下列规定：

1 应测量隔离开关与负荷开关的有机材料传动杆的绝缘电阻；

2 隔离开关与负荷开关的有机材料传动杆的绝缘电阻值，在常温下不应低于表 14.0.2 的规定。"

表 14.0.2　　　　　　　　有机材料传动杆的绝缘电阻值

额定电压（kV）	3.6～12	24～40.5	72.5～252	363～800
绝缘电阻值（MΩ）	1200	3000	6000	10000

（GB 50150—2016《电气装置安装工程电气设备交接试验标准》中 14.0.2 条）

原因分析：因 Q/GDW 1157—2013 15.2 中未包含有机材料传动杆的绝缘电阻要求，而 GB 50150—2016《电气装置安装工程电气设备交接试验标准》中 14.0.2 条提出了该要求，根据从严原则，故对本条款进行补充。

3）标准中 15.5 条操作结构试验：

"试验按产品技术条件的规定进行，试验结果应符合产品技术要求。"

建议执行："操动机构的试验，应符合下列规定：

1 动力式操动机构的分、合闸操作，当其电压或气压在下列范围时，应保证隔离开关的主闸刀或接地闸刀可靠地分闸和合闸：

1）电动机操动机构：当电动机接线端子的电压在其额定电压的 80%～110%范围内时；

2）压缩空气操动机构：当气压在其额定气压的 85%～110%范围内时；

3）二次控制线圈和电磁闭锁装置：当其线圈接线端子的电压在其额定电压的 80%～110%范围内时。

2 隔离开关的机械或电气闭锁装置应准确可靠。

3 具有可调电源时，可进行高于或低于额定电压的操动试验。"

（GB 50150—2016《电气装置安装工程电气设备交接试验标准》中 14.0.7 条）

原因分析：因 Q/GDW 1157—2013 15.5 中操作机构试验要求过于宽泛，不便执行，而 GB 50150—2016《电气装置安装工程电气设备交接试验标准》中 14.0.7 条对操作机构试验方法及要求提出了明确要求，根据从严原则，故对本条款进行修改。

（3）Q/GDW 10310—2016《1000kV 电气装置安装工程电气设备交接试验规程》。

本标准适用于特高压交流工程中 1000kV 电压等级电气设备的交接试验。

额定电压 1100kV 隔离开关现场交接试验项目、方法和判据应执行本标准。

标准条款执行指导意见：

"1）标准中 12.3 条："辅助和控制回路的绝缘试验规定如下：

a）绝缘试验采用 2500V 绝缘电阻表进行；

b）绝缘电阻值应不低于 10MΩ。"

建议执行：辅助和控制回路的绝缘试验规定如下：

a）绝缘试验采用 2500V 绝缘电阻表进行。

b）绝缘电阻值应不低于 10MΩ。

c）控制及辅助回路应耐受 2000V 工频电压，时间 1min。耐压试验后的绝缘电阻值不应降低。（GB/T 50832—2013《1000kV 系统电气装置安装工程电气设备交接试验标准》中 9.0.3 条）。

原因分析：因 Q/GDW 10310—2016 中 12.3 条未包含控制及辅助回路耐压要求，而 GB/T 50832—2013《1000kV 系统电气装置安装工程电气设备交接试验标准》中 9.0.3 条对该试验提出了明确要求，根据从严原则，故对本条款进行补充。

（4）Q/GDW 1168—2013《输变电设备状态检修试验规程》。

本标准适用于电压等级为 750kV 及以下交直流输变电设备。

额定电压 40.5～800kV 隔离开关的设备巡检、检查和试验的项目、周期和技术要求应执行本标准。

标准条款执行指导意见：

1）本标准中注明引用 GB/T 11022—2011《高压开关设备和控制设备标准的共用技术要求》的章节。

建议执行：执行时应引用 DL/T 593—2016《高压开关设备和控制设备标准的共用技术要求》的对应章节，且应满足本标准执行指导意见中 DL/T 593—2016 的标准条款执行指导意见。

原因分析：因本标准对 GB/T 11022—2011 相关内容进行了引用，应与该标准一起使用，但本执行指导意见已将 DL/T 593—2016 列为主标准，故建议本标准中凡注明引用 GB/T 11022—2011 的条款在执行时应引用 DL/T 593—2016 的对应条款。

（5）GB/T 24846—2018《1000kV 交流电气设备预防性试验规程》。

本标准适用于电压等级为 1000kV 交流电气设备。

额定电压 1100kV 隔离开关预防性试验的项目、周期、方法和判断应执行本标准。

（6）DL/T 664—2016《带电设备红外诊断应用规范》。

本标准适用于采用红外热像仪对具有电流、电压致热效应或其他致热效应引起表面温度分布特点的各种电气设备，及 SF_6 气体绝缘介质的电气设备泄漏进行诊断。

额定电压 40.5kV 及以上隔离开关的带电红外诊断的术语和定义、现场检测要求、现场操作方法、仪器管理和检验、红外检测周期、判断方法、诊断判据和缺陷类型的确定及处理方法应执行本标准。

（7）Q/GDW 11003—2013《高压电气设备紫外检测技术导则》。

本标准适用于交直流输电线路和变电站/换流站高压电气设备放电类缺陷的紫外检测。

额定电压 40.5kV 及以上隔离开关的放电类缺陷的紫外检测方法以及相关设备缺陷的分析判别方法应执行本标准。

4. 状态评价类

DL/T 1701—2017《隔离开关及接地开关状态评价导则》。

本标准适用于系统电压等级为 110（66）～750kV 的敞开式交流隔离开关及接地开关设备。

额定电压 126～800kV 隔离开关运行中的状态信息分类、状态评价分类、状态评价基本要求、状态量的量化标准、部件及整体的评价方法应执行本标准。

标准条款执行指导意见：

标准中 4.3 条检修试验信息："主要包括例行试验报告、诊断性试验报告、专业化巡检记录、缺陷及故障记录、检修报告及设备技 术改造等信息。"

建议执行：主要包括例行试验报告、诊断性试验报告、专业化巡检记录、缺陷及故障记录、检修报告、设备技术改造及主要部件更换情况等信息（Q/GDW 450—2010《隔离开关状态评价导则》中 4.1.3 条）。

原因分析：因 Q/GDW 450—2010 中 4.1.3 条规定检修资料主要包括检修报告、试验报告、设备技改及主要部件更换情况等，根据从严就高原则，故对本条款进行修改。

5. 技术监督类

（1）Q/GDW 11074—2013《交流高压开关设备技术监督导则》。

本标准适用于系统电压等级为 12～800kV 交流高压开关设备［断路器、组合电器（GIS）、隔离开关及高压开关柜等］的技术监督工作，其他电压等级开关设备可参照执行。

额定电压 40.5～800kV 隔离开关在可研规划、工程设计、设备采购、设备制造、设备验收、设备安装、设备调试、竣工验收、运维检修、退役和报废等阶段的全过程技术监督内容及要求应执行本标准。

标准条款执行指导意见：

本标准中注明引用 GB/T 1985—2014《高压交流隔离开关和接地开关》的章节。

建议执行：执行时应引用 DL/T 486—2010《高压交流隔离开关和接地开关》的对应章节。

原因分析：因本标准对 GB/T 1985—2014 相关内容进行了引用，应与该标准一起使用，但本执行指导意见已将 DL/T 486—2010 列为主标准，故建议本标准中凡注明引用 GB/T 1985—2014 的条款在执行时应引用 DL/T 486—2010 的对应条款。

（2）Q/GDW 11717—2017《电网设备金属技术监督导则》。

本标准适用于 10kV 及以上电网设备部件的金属技术监督。

额定电压 40.5kV 及以上隔离开关所涉及金属技术监督的范围、项目、内容及相应的要求应执行本标准。

标准条款执行指导意见：

1）本标准中注明引用 GB/T 11022—2011《高压开关设备和控制设备标准的共用技术要求》的章节。

建议执行：执行时应引用 DL/T 593—2016《高压开关设备和控制设备标准的共用技术要求》的对应章节，且应满足本标准执行指导意见中 DL/T 593—2016 的标准条款执行指导意见。

原因分析：因本标准对 GB/T 11022—2011 相关内容进行了引用，应与该标准一起使用，但本执行指导意见已将 DL/T 593—2016 列为主标准，故建议本标准中凡注明引用 GB/T 11022—2011 的条款在执行时应引用 DL/T 593—2016 的对应条款。

2）本标准中注明引用 GB/T 1985—2014《高压交流隔离开关和接地开关》的章节。

建议执行：执行时应引用 DL/T 486—2010《高压交流隔离开关和接地开关》的对应章节。

原因分析：因本标准对 GB/T 1985—2014 相关内容进行了引用，应与该标准一起使用，但本执行指导意见已将 DL/T 486—2010 列为主标准，故建议本标准中凡注明引用 GB/T 1985—2014 的条款在执行时应引用 DL/T 486—2010 的对应条款。

（3） Q/GDW 11083—2013《高压支柱瓷绝缘子技术监督导则》。

本标准适用于发电厂、变电站、换流站、串补站，户内和户外额定交流电压 72.5kV 及以上的高压支柱瓷绝缘子的技术监督工作。

额定电压 72.5kV 及以上隔离开关的高压支柱瓷绝缘子在可研规划、工程设计、设备采购、设备制造、设备验收、设备安装、设备调试、竣工验收、运维检修、退役和报废等阶段的全过程技术监督内容应执行本标准的要求。

隔离开关主/从标准与支撑标准对应表如表 9-9 所示。

表9-9

隔离开关主/从标准与支撑标准对应表

标准分类	标准号	标准名称	支撑标准号	支撑标准名称
主标准	DL/T 486—2010	高压交流隔离开关和接地开关	GB/T 1985—2014	高压交流隔离开关和接地开关
	DL/T 593—2016	高压开关设备和控制设备标准的共用技术要求	GB/T 11022—2011	高压开关设备和控制设备标准的共用技术要求
	GB/T 24837—2018	1100kV高压交流隔离开关和接地开关技术规范	DL/T 593—2016	高压开关设备和控制设备标准的共用技术要求（注：因DL/T 593—2016已是主标准，故支撑标准清单中未列入）
			DL/T 486—2010	高压交流隔离开关和接地开关（注：因DL/T 486—2010已是主标准，故支撑标准清单中未列入）
部件元件类	GB/T 8287.1—2008	标称电压高于1000V系统用户内和户外支柱绝缘子 第1部分：瓷或玻璃绝缘子的试验	GB/T 772—2005	高压绝缘子瓷件 技术条件
	GB/T 8287.2—2008	标称电压高于1000V系统用户内和户外支柱绝缘子 第2部分：尺寸与特性		
	Q/GDW 10673—2016	输变电设备外绝缘用防污闪辅助伞裙技术条件及使用导则		

续表

标准分类	标准号	标准名称	支撑标准号	支撑标准名称
运行维护检修类	DL 969—2005	变电站运行导则		
	Q/GDW Z211—2008	1000kV 特高压变电站运行规程		
	Q/GDW 10208—2016	1000kV 变电站检修管理规范		
	DL/T 1700—2017	隔离开关及接地开关状态检修导则		
	Q/GDW 11245—2014	隔离开关和接地开关检修决策导则	DL/T 486—2010	高压交流隔离开关和接地开关 (注：因 DL/T 486—2010 已是主标准，故支撑标准清单中未列入)
	Q/GDW 11651.4—2017	变电站设备验收规范 第 4 部分：隔离开关	DL/T 486—2010	高压交流隔离开关和接地开关 (注：因 DL/T 486—2010 已是主标准，故支撑标准清单中未列入)
现场试验类	Q/GDW 11447—2015	10kV～500kV 输变电设备交接试验规程	GB 50150—2016	电气装置安装工程电气设备交接试验标准
	Q/GDW 1157—2013	750kV 电力设备交接试验规程	GB 50150—2016	电气装置安装工程电气设备交接试验标准
	Q/GDW 10310—2016	1000kV 电气装置安装工程电气设备交接试验规程	GB/T 50832—2013	1000kV 系统电气装置安装工程电气设备交接试验标准
	Q/GDW 1168—2013	输变电设备状态检修试验规程	DL/T 593—2016	高压开关设备和控制设备标准的共用技术要求 (注：因 DL/T 593—2016 已是主标准，故支撑标准清单中未列入)

续表

标准分类		标准号	标准名称	支撑标准号	支撑标准名称
现场试验类		GB/T 24846—2018	1000kV交流电气设备预防性试验规程		
		DL/T 664—2016	带电设备红外诊断应用规范		
		Q/GDW 11003—2013	高压电气设备紫外检测技术导则		
状态评价类		DL/T 1701—2017	隔离开关及接地开关状态评价导则	Q/GDW 450—2010	隔离开关状态评价导则
技术监督类		Q/GDW 11074—2013	交流高压开关设备技术监督导则	DL/T 486—2010	高压交流隔离开关和接地开关（注：因 DL/T 486—2010 已是主标准，故支撑标准清单中未列入）
		Q/GDW 11717—2017	电网设备金属技术监督导则	DL/T 593—2016	高压开关设备和控制设备标准的共用技术要求（注：因 DL/T 593—2016 已是主标准，故支撑标准清单中未列入）
		Q/GDW 11083—2013	高压支柱瓷绝缘子技术监督导则	DL/T 486—2010	高压交流隔离开关和接地开关（注：因 DL/T 486—2010 已是主标准，故支撑标准清单中未列入）

129

第十章

开关柜技术标准执行指导意见

扫一扫
视频二维码

一、范围

本指导意见包含了开关柜（空气柜、充气柜、固体柜）设备的性能参数、技术要求、测试项目及方法、运维检修、现场试验、状态评价、技术监督等相关技术标准。适用于 12（7.2）～40.5kV 开关柜，用于指导国家电网公司系统 12（7.2）～40.5kV 开关柜的检修、试验和技术监督等工作，并供设备选型、采购阶段制定相关技术标准时参考。

二、标准体系概况

本指导意见针对开关柜相关国家标准、行业标准、企业标准进行梳理，共梳理各类标准 37 项，分类形成主标准 2 项，从标准 32 项，支撑标准 3 项。

（一）主标准

开关柜主标准是开关柜设备的技术规范、技术条件类标准，规定了设备额定参数值、设计与结构、型式试验/出厂试验项目及要求、选用导则、订货和投标的资料、运输、储存、安装、运行和维修规则、安全等内容。开关柜主标准共 2 项，标准清单详见表 10 - 1。

表 10 - 1　　　　　　　　　　　开关柜设备主标准清单

序号	标准号	标准名称
1	DL/T 404—2018	3.6kV～40.5kV 交流金属封闭开关设备和控制设备
2	DL/T 593—2016	高压开关设备和控制设备标准的共用技术要求

（二）从标准

开关柜从标准是指开关柜设备在运维检修、现场试验、状态评价、技术监督等方面应执行的技术标准。开关柜从标准包括以下分类：部件元件类、原材料类、运维检修类、现场试验类、状态评价类、技术监督类。开关柜从标准共 32 项，标准清单详见表 10 - 2。

表 10 - 2　　　　　　　　　　　开关设备从标准清单

标准分类	序号	标准号	标准名称
部件元件类	1	DL/T 402—2016	高压交流断路器
	2	DL/T 403—2017	12kV～40.5kV 高压真空断路器订货技术条件
	3	GB/T 3804—2017	3.6kV～40.5kV 高压交流负荷开关
	4	GB 1985—2014	高压交流隔离开关和接地开关
	5	GB 20840.2—2014	互感器　第 2 部分：电流互感器的补充技术要求
	6	GB 20840.3—2013	互感器　第 3 部分：电磁式电压互感器的补充技术要求
	7	GB/T 11032—2010	交流无间隙金属氧化物避雷器
	8	GB/T 15166.2—2008	高压交流熔断器　第 2 部分：限流熔断器
	9	GB/T 4109—2008	交流电压高于 1000V 的绝缘套管
	10	JB/T 10305—2001	3.6kV～40.5kV 高压设备用户内有机材料支柱绝缘子技术条件
	11	GB 25081—2010	高压带电显示装置（VPIS）
	12	JB/T 10549—2006	SF_6 气体密度继电器和密度表通用技术条件
	13	JB/T 11203—2011	高压交流真空开关设备用固封极柱
	14	NB/T 42044—2014	3.6～40.5kV 智能交流金属封闭开关设备和控制设备
	15	Q/GDW 671—2011	微机型防止电气误操作系统技术规范
原材料类	1	GB/T 12022—2014	工业六氟化硫
	2	GB/T 5585.1—2018	电工用铜、铝及其合金母线　第 1 部分：铜和铜合金母线
	3	GB/T 14978—2008	连续热镀铝锌合金镀层钢板及钢带
运维检修类	1	DL 969—2005	变电站运行导则
	2	Q/GDW 11477—2015	金属封闭开关设备检修决策导则
	3	Q/GDW 11651.5—2017	变电站设备验收规范　第 5 部分：开关柜
	4	Q/GDW 612—2011	12（7.2）kV～40.5kV 交流金属封闭开关设备状态检修导则
现场试验类	1	Q/GDW 1168—2013	输变电设备状态检修试验规程
	2	GB 50150—2016	电气装置安装工程电气设备交接试验标准
	3	Q/GDW 11060—2013	交流金属封闭开关设备暂态地电压局部放电带电检测技术现场应用导则
	4	DL/T 664—2016	带电设备红外诊断应用规范
	5	Q/GDW 11305—2014	SF_6 气体湿度带电检测技术现场应用导则
	6	Q/GDW 11644—2014	SF_6 气体纯度带电检测技术现场应用导则
	7	Q/GDW 11366—2014	开关设备分合闸线圈电流波形带电检测技术现场应用导则

续表

标准分类	序号	标准号	标准名称
状态评价类	1	Q/GDW 613—2011	12 (7.2) kV～40.5kV 交流金属封闭开关设备状态评价导则
技术监督类	1	Q/GDW 11074—2013	交流高压开关设备技术监督导则
	2	Q/GDW 11717—2017	电网设备金属技术监督导则

(三) 支撑标准

开关柜支撑标准是支撑上述主、从标准中相关条款的国家标准、行业标准、企业标准等相关标准。开关柜支撑标准共 3 项,其中,主标准的支撑标准 2 项,从标准的支撑标准 1 项。开关柜支撑标准清单详见表 10 - 3。

表 10 - 3　　　　　　　　开关柜设备支撑标准清单

序号	标准号	标准名称	支撑类别
1	DL/T 1586—2016	12kV 固体绝缘金属封闭开关设备和控制设备	主标准
2	GB 3906—2006	3.6kV～40.5kV 交流金属封闭开关设备和控制设备	主标准
3	Q/GDW 13088.1—2014	12kV～40.5kV 高压开关柜采购标准　第 1 部分:通用技术规范	从标准技术监督类

三、标准执行说明

(一) 主标准

1. DL/T 593—2016《高压开关设备和控制设备标准的共用技术要求》

本标准是高压开关类设备的共用基础标准。本标准适用于电压 3.0kV 及以上、频率为 50Hz 的电力系统中运行的户内和户外交流高压开关设备和控制设备。

本标准中涉及金属封闭开关设备和控制设备、断路器、隔离开关(接地开关)、负荷开关的有关内容适用于开关柜。

2. DL/T 404—2018《3.6kV～40.5kV 交流金属封闭开关设备和控制设备》

本标准应与 DL/T 593—2016 一起使用。

本标准适用于设计安装在户内或户外且运行在频率 50Hz、额定电压为 3.6～40.5kV 的交流金属封闭开关设备和控制设备。

12 (7.2) ～40.5kV 开关柜的使用条件、额定值、设计与结构、型式试验、出厂试验、选用导则、运输与储存、安全性、对环境的影响等方面的技术要求参照本标准执行。

12kV 固体绝缘金属封闭开关设备和控制设备的术语和定义、额定值、设计和结构、型式试验、出厂试验参照 DL/T 1586—2016《12kV 固体绝缘金属封闭开关设备和控制设备》的 3～8 章执行。

标准差异化执行意见：

（1）"6 型式试验"

未对主回路均采用固体绝缘包覆元件的开关柜性能验证试验提出要求。

建议增加"主回路均采用固体绝缘包覆元件的开关柜性能验证试验"，按 GB 3906—2006《3.6kV～40.5kV 交流金属封闭开关设备和控制设备》6 型式试验执行。

原因分析：应通过强制性型式试验验证主回路中主要元件采用固体绝缘包覆元件的开关柜性能。

（二）从标准

1. 部件元件类

（1）DL/T 402—2016《高压交流断路器》。

本标准应与 DL/T 593—2016 一起使用。

本标准适用于设计安装在户内或户外且运行在频率 50Hz、电压为 3～1000kV 系统中的交流断路器。

12（7.2）～40.5kV 开关柜内断路器的使用条件、额定值、设计与结构、型式试验、出厂试验、选用导则、运输与储存、安全性、对环境的影响等方面的技术要求参照本标准执行。

（2）DL/T 403—2017《12kV～40.5kV 高压真空断路器订货技术条件》。

本标准与 DL/T 402—2016《高压交流断路器》相比，补充了真空断路器的相关要求。

本标准适用于额定电压 3.6kV 及以上、额定频率 50Hz 的高压交流真空断路器。

12（7.2）～40.5kV 开关柜内真空断路器的使用条件、额定值、设计与结构、型式试验、出厂试验、选用导则、运输与储存、安全性、对环境的影响等方面的要求参照本标准执行。

（3）GB/T 3804—2017《3.6kV～40.5kV 高压交流负荷开关》。

本标准适用于额定电压 3.6～40.5kV，频率为 50Hz，安装于户内或户外且具有关合和开断电流额定值的三极交流负荷开关和隔离负荷开关，也适用于三相系统用单极负荷开关，还适用于这些负荷开关的操动机构及其辅助设备。

12（7.2）～40.5kV 开关柜内负荷开关元件的正常和特殊使用条件、定义、额定值、一般要求、设计与结构、型式试验、出厂试验、选用导则、安全性的要求参照本标准执行。

（4）GB 1985—2014《高压交流隔离开关和接地开关》。

本标准适用于设计安装在户内和户外，且运行在频率 50Hz、标称电压 3000V 及以上的系统中，端子是封闭的和敞开的交流隔离开关和接地开关。本标准也适用于这些隔离开关和接地开关的操作机构及其辅助设备。封闭式开关设备和控制设备中的隔离开关和接地开关的附加要求在 GB 3906 中给出。

12（7.2）～40.5kV 开关柜内的高压交流隔离开关和接地开关的正常和特殊使用条件、术语和定义、额定值、设计与结构、型式试验、出厂试验、隔离开关和接地开关的选用导则、随询问单、标书和订单提供的资料、运输、储存、安装、运行和维修导则、安全和产品对环境的影响等方面的技术要求参照本标准执行。

（5）GB 20840.2—2014《互感器　第 2 部分：电流互感器的补充技术要求》。

本标准适用于供电气测量仪表或/和电气保护装置使用、频率为 15～100Hz 的新制造的电磁式电流互感器。

12（7.2）～40.5kV 开关柜内的电流互感器的术语和定义、额定值、设计和结构、试验参照本标准执行。

（6）GB 20840.3—2013《互感器　第 3 部分：电磁式电压互感器的补充技术要求》。

本标准适用于供电气测量仪表或继电保护装置使用、频率为 15～100Hz 的新制造的电磁式电压互感器。

12（7.2）～40.5kV 开关柜内的电磁式电压互感器的术语和定义、额定值、设计和结构、试验参照本标准执行。

（7）GB/T 11032—2010《交流无间隙金属氧化物避雷器》。

本标准适用于为限制交流电力系统过电压而设计的无间隙金属氧化物避雷器。

12（7.2）～40.5kV 开关柜内的交流无间隙金属氧化物避雷器的术语和定义、标志及分类、标准额定值和运行条件、技术要求、试验要求、型式试验（设计试验）等按照本标准执行。

（8）GB/T 15166.2—2008《高压交流熔断器　第 2 部分：限流熔断器》。

本标准适用于标称电压 3kV 及以上、频率为 50Hz 交流电力系统中的户内和户外用的所有类型的高压限流熔断器。

12（7.2）～40.5kV 开关柜内的熔断器的正常和特殊使用条件、术语和定义、额定值和特性、设计、结构和性能、型式试验、特殊试验、选用导则、运行参照本标准执行。

（9）JB/T 10305—2001《3.6kV～40.5kV 高压设备用户内有机材料支柱绝缘子技术条件》。

本标准适用于额定电压 3.6～40.5kV、频率不大于 100Hz 的交流电气装置或设备上使用于大气条件下的户内有机材料支柱绝缘子。本标准不包括复合绝缘子。

12（7.2）～40.5kV 开关柜内有机材料支柱绝缘子的使用条件、定义、技术要求、试验分类及试验项目、试验方法等要求参照本标准执行。

（10）GB/T 4109—2008《交流电压高于 1000V 的绝缘套管》。

本标准适用于设备最高电压高于 1000V，频率 15～60Hz 三相交流系统中的电器、变压器、开关等电力设备和装置中使用的套管。

12（7.2）～40.5kV 开关柜内绝缘套管的术语和定义、额定值、运行条件、订货信息和标识、试验要求、型式试验、逐个试验、外观检查和尺寸检验、运输、存放、安装、运行和维护规则等参照本标准执行。

（11）GB 25081—2010《高压带电显示装置（VPIS）》。

本标准适用于标称电压 3kV 及以上，频率为 50Hz 的电力系统中运行的户内和户外高压电气设备所使用的带电显示装置。

12（7.2）～40.5kV 开关柜带电显示装置的适用范围、适用条件、术语、额定值、设计与结构、型式试验、出厂试验和选用导则及安全方面的要求参照本标准执行。

（12）JB/T 10549—2006《SF_6 气体密度继电器和密度表通用技术条件》。

本标准适用于 SF_6 气体密度继电器和密度表。

12（7.2）～40.5kV SF_6 气体充气柜的 SF_6 气体密度继电器的分类、技术要求、检验方法、检验规则、标志、标签、使用说明书、包装、运输和贮存等参照本标准执行。

（13）JB/T 11203—2011《高压交流真空开关设备用固封极柱》。

本标准适用于额定电压 3.6kV 及以上、额定频率 50Hz 的高压交流真空开关设备用固封极柱。

12（7.2）～40.5kV 开关柜内的高压交流真空开关设备用固封极柱的使用条件、额定值、设计与结构、型式试验、出厂试验、包装、运输和贮存参照本标准执行。

（14）NB/T 42044—2014《3.6kV～40.5kV 智能交流金属封闭开关设备和控制设备》。

本标准适用于 3.6～40.5kV 智能交流金属封闭开关设备和控制设备，智能交流金属封闭开关设备和控制设备除满足 GB 3906—2006 外，还应满足本标准要求。

12（7.2）～40.5kV 智能交流金属封闭开关设备和控制设备的正常和特殊使用条件、术语和定义、额定值、设计与结构、型式试验、出厂试验等方面的要求参照本标准中对 GB3906 补充要求的条款执行。

（15）Q/GDW 671—2011《微机型防止电气误操作系统技术规范》。

本标准适用于电力系统高压电气设备及其附属装置用微机型防止电气误操作系统。

12（7.2）～40.5kV 开关柜防止电气误操作系统的使用条件、额定值、设计和结构、试验及选用导则等要求参照本标准执行。

2. 原材料类

（1）GB/T 5585.1—2018《电工用铜、铝及其合金母线 第1部分：铜和铜合金母线》。

本标准适用于电工用铜和铜合金母线（亦称铜和铜合金排）。

12（7.2）～40.5kV 开关柜电工用铜和铜合金母线的技术要求、试验要求、检验规则等参照本标准执行。

（2）GB/T 12022—2014《工业六氟化硫》。

本标准适用于氟与硫直接反应并经过精制的工业六氟化硫。

12（7.2）～40.5 kV SF_6 充气柜及 SF_6 断路器开关柜内的六氟化硫气体的要求、检验规则、试验方法、包装、标志、贮运及安全警示等按照本标准执行。

（3）GB/T 14978—2008《连续热镀铝锌合金镀层钢板及钢带》。

本标准适用于厚度为 0.30～3.0mm 的钢板及钢带，主要用于建筑、家电、电子电气和汽车等行业。

12（7.2）～40.5 kV 开关柜用镀铝锌钢板的术语和定义、分类和代号、尺寸、外形、重量、技术要求、检验和试验、包装、标志和质量证明书参照本标准执行。

3. 运维检修类

（1）Q/GDW 11477—2015《金属封闭开关设备检修决策导则》。

本标准适用于电压等级为 3.6～40.5kV 交流金属封闭开关设备和控制设备。

12（7.2）～40.5 kV 开关柜的检修决策基本原则、检修分类、检修策略、整体及各部件状态量检修决策、开关柜 ABCD 类检修，以及常见缺陷处理、例行检查与维护方法等参照本标准执行。

（2）DL 969—2005《变电站运行导则》。

本标准适用于交流 35kV 及以上电压等级的变电站（含发电厂升压站）及监

控中心。

变电运行值班人员及相关专业人员进行 12（7.2）～40.5 kV 开关柜设备的运行、操作、异常及故障处理的行为准则按本标准执行。

（3）Q/GDW 11651.5—2017《变电站设备验收规范 第 5 部分：开关柜》。

本标准适用于 35kV 及以上变电站站内空气绝缘开关柜和充气绝缘开关柜的验收工作。

12（7.2）～40.5 kV 开关柜的可研初设审查、厂内验收、到货验收、隐蔽工程验收、中间验收、竣工（预）验收、启动验收的组织流程及要求、验收人员、验收方法、验收标准、验收内容和记录要求等参照本标准执行。

（4）Q/GDW 612—2011《12（7.2）kV～40.5kV 交流金属封闭开关设备状态检修导则》。

本标准适用于国家电网公司电压等级为 12（7.2）～40.5kV 的交流金属封闭开关设备。

12（7.2）～40.5 kV 开关柜的检修工作总则、检修分类、状态检修策略按本标准执行。

4. 现场试验类

（1）GB 50150—2016《电气装置安装工程 电气设备交接试验标准》。

本标准适用于 750kV 及以下的交流电压等级新安装的、按照国家相关出厂试验标准试验合格的电气设备交接试验。

12（7.2）～40.5 kV 开关柜的交接试验参照本标准执行。

（2）Q/GDW 1168—2013《输变电设备状态检修试验规程》。

本标准适用于 750 kV 及以下交直流输变电设备的状态检修试验。

12（7.2）～40.5 kV 开关柜的巡检、例行试验、诊断性试验按本标准执行。

（3）Q/GDW 11060—2013《交流金属封闭开关设备暂态地电压局部放电带电检测技术现场应用导则》。

本标准适用于 3.6～40.5kV 金属封闭式开关柜暂态地电压局部放电现场检测。

12（7.2）～40.5 kV 开关柜暂态地电压局部放电检测技术现场应用中的检测仪器要求、带电检测要求、带电检测方法、检测步骤和结果分析方法按本标准执行。

（4）DL/T 664—2016《带电设备红外诊断应用规范》。

本标准适用于采用红外热像仪对具有电流、电压致热效应或其他致热效应引起表面温度分布特点的各种电气设备，以及 SF_6 气体为绝缘介质的电气设备泄露进行的诊断。

12（7.2）～40.5 kV 开关柜带电设备红外诊断的术语和定义、现场检测要求、现场操作方法、仪器管理和检验、判断方法、诊断判据和缺陷类型的确定及处理方法参照本标准执行。

（5）Q/GDW 11305—2014《SF$_6$气体湿度带电检测技术现场应用导则》。

本标准适用于 35kV 及以上电压等级以六氟化硫气体为绝缘介质的变压器、断路器、GIS、电压互感器、电流互感器等运行中电气设备气体湿度的带电检测。

12（7.2）～40.5 kV 开关柜 SF$_6$气体湿度带电检测的检测仪器要求、带电检测要求、带电检测方法、检测步骤和结果分析方法参照本标准执行。

（6）Q/GDW 11644—2016《SF$_6$气体纯度带电检测技术现场应用导则》。

本标准适用于 35kV 及以上电压等级以 SF$_6$气体为绝缘介质电气设备的气体纯度带电检测。

12（7.2）～40.5 kV 开关柜 SF$_6$气体纯度检测技术现场应用的检测原理、检测仪器要求、带电检测要求和带电检测方法参照本标准执行。

（7）Q/GDW 11366—2014《开关设备分合闸线圈电流波形带电检测技术现场应用导则》。

本标准适用于 12kV 及以上等级开关设备的分合闸线圈电流波形带电检测。

12（7.2）～40.5 kV 开关柜内断路器分合闸线圈电流波形带电检测的检测原理、检测仪器要求、带电检测方法及要求、检测步骤和分析原则参照本标准执行。

5. 状态评价类

Q/GDW 613—2011《12（7.2）kV～40.5kV 交流金属封闭开关设备状态评价导则》。

本标准适用于国家电网公司电压等级为 12（7.2）～40.5kV 的交流金属封闭开关设备。

12（7.2）～40.5 kV 开关柜的状态评价术语和定义、状态量构成及权重、元件状态评价、整体状态评价、状态量评价标准参照本标准执行。

6. 技术监督类

（1）Q/GDW 11074—2013《交流高压开关设备技术监督导则》。

本标准适用于国家电网公司系统的 12～800kV 交流高压开关设备［断路器、组合电器（GIS）、隔离开关及高压开关柜等］的技术监督工作，其他电压等级开关设备可参照执行。

12（7.2）～40.5 kV 开关柜的可研规划、工程设计、设备采购、设备制造、设备验收、设备安装、设备调试、竣工验收、运维检修、退役和报废等阶段的全过程技术监督参照本标准执行。

标准差异化执行意见：

标准中 5.9.3 条："对于开关柜设备运维工作，重点监督是否满足以下要求

k）对于开关柜，应重点监督以下内容：

3）对无法对柜内设备开展红外温度检测的开关柜，应定期测量手车触头接触电阻、断路器接触电阻，周期为三年。"

建议参考 Q/GDW 1168—2013《输变电设备状态检修试验规程》高压开关柜试验基准周期（4 年）及周期调整的相关规定执行。

原因分析：现在运开关柜大多不满足对柜内设备开展红外温度检测的条件，但受母线停电影响，三年测量手车触头接触电阻、断路器接触电阻常无法实施。

（2）Q/GDW 11717—2017《电网设备金属技术监督导则》。

本标准适用于 10kV 及以上电网设备部件的金属技术监督。

12（7.2）～40.5 kV 开关柜金属技术监督的范围、项目、内容及相应的要求参照本标准执行。

标准差异化执行意见：

"12.2.1 柜体应采用敷铝锌钢板弯折后拴接而成或采用优质防锈处理的冷轧钢板制成，公称厚度不应小于 5mm。"

建议执行 Q/GDW 13088.1—2014《12kV～40.5kV 高压开关柜采购标准第 1 部分：通用技术规范》中 5.2.8 条："柜体应采用敷铝锌钢板弯折后拴接而成或采用优质防锈处理的冷轧钢板制成，板厚不应小于 2mm。"

原因分析：外壳厚度不应小于 5mm 的要求不符合开关柜实际需求，建议要求外壳厚度不应小于 2mm。

开关柜主/从标准与支撑标准对应表如表 10-4 所示。

表 10-4　开关柜主/从标准与支撑标准对应表

标准分类	标准号	标准名称	支撑标准号	支撑标准名称
主标准	DL/T 404—2018	3.6kV～40.5kV 交流金属封闭开关设备和控制设备	DL/T 1586—2016	12kV 固体绝缘金属封闭开关设备和控制设备
			GB 3906—2006	3.6kV～40.5kV 交流金属封闭开关设备和控制设备
	DL/T 593—2016	高压开关设备和控制设备标准的共用技术要求		
	DL/T 402—2016	高压交流断路器		
	DL/T 403—2017	12kV～40.5kV 高压真空断路器订货技术条件		
	GB/T 3804—2017	3.6kV～40.5kV 高压交流负荷开关		
	GB 1985—2014	高压交流隔离开关和接地开关		
部件元件类	GB 20840.2—2014	互感器　第 2 部分：电流互感器的补充技术要求		
	GB 20840.3—2013	互感器　第 3 部分：电磁式电压互感器的补充技术要求		
	GB/T 11032—2010	交流无间隙金属氧化物避雷器		
	GB/T 15166.2—2008	高压交流熔断器　第 2 部分：限流熔断器		
	GB/T 4109—2008	交流电压高于 1000V 的绝缘套管		
	JB/T 10305—2001	3.6kV～40.5kV 高压设备用户内有机材料支柱绝缘子技术条件		
	GB 25081—2010	高压带电显示装置（VPIS）		

续表

标准分类	标准号	标准名称	支撑标准号	支撑标准名称
部件元件类	JB/T 10549—2006	SF₆气体密度继电器和密度表通用技术条件		
	JB/T 11203—2011	高压交流真空开关设备用固封极柱		
	NB/T 42044—2014	3.6~40.5kV 智能交流金属封闭开关设备和控制设备		
	Q/GDW 671—2011	微机型防止电气误操作系统技术规范		
原材料类	GB/T 12022—2014	工业六氟化硫		
	GB/T 5585.1—2018	电工用铜、铝及其合金母线 第1部分：铜和铜合金母线		
	GB/T 14978—2008	连续热镀铝锌合金镀层钢板及钢带		
	Q/GDW 11477—2015	金属封闭开关设备检修决策导则		
运行检修类	DL 969—2005	变电站运行导则		
	Q/GDW 11651.5—2017	变电站设备验收规范 第5部分：开关柜		
	Q/GDW 612—2011	12（7.2）kV~40.5kV 交流金属封闭开关设备状态检修导则		
	Q/GDW 1168—2013	输变电设备状态检修试验规程		
现场试验类	GB 50150—2016	电气装置安装工程电气设备交接试验标准		
	Q/GDW 11060—2013	交流金属封闭开关设备暂态地电压局部放电带电检测技术现场应用导则		
	DL/T 664—2016	带电设备红外诊断应用规范		

续表

标准分类	标准号	标准名称	支撑标准号	支撑标准名称
现场试验类	Q/GDW 11305—2014	SF₆气体湿度带电检测技术现场应用导则		
	Q/GDW 11644—2014	SF₆气体纯度带电检测技术现场应用导则		
	Q/GDW 11366—2014	开关设备分合闸线圈电流波形带电检测技术现场应用导则		
状态检修类	Q/GDW 613—2011	12（7.2）kV～40.5kV 交流金属封闭开关设备状态评价导则		
技术监督类	Q/GDW 11074—2013	交流高压开关设备技术监督导则		
	Q/GDW 11717—2017	电网设备金属技术监督导则	Q/GDW 13088.1—2014	12kV～40.5kV 高压开关柜采购标准 第1部分：通用技术规范

第十一章

电流互感器技术标准执行指导意见

一、范围

本指导意见包含了电流互感器的性能参数、技术要求、运维检修、现场试验、状态评价、技术监督等相关技术标准。适用于 $10\sim1000kV$ 电压等级，供电气测量仪表或电气保护装置使用、模拟量或数字量输出的电流互感器，用于指导国家电网公司系统 $10\sim1000kV$ 电压等级电流互感器的运行、检修、试验和技术监督等工作。

扫一扫
视频二维码

二、标准体系概况

本指导意见针对电流互感器相关国家标准、行业标准、企业标准进行梳理，共梳理各类标准 52 项，分类形成主标准 5 项，从标准 20 项，支撑标准 27 项。

（一）主标准

电流互感器主标准是电流互感器设备的技术规范、技术条件类标准，包括设备术语和定义、使用条件、额定值、设计与结构、试验项目及要求等内容。电流互感器主标准共 5 项，标准清单详见表 11-1。

表 11-1　　　　　　　　　　　电流互感器设备主标准清单

序号	标准号	标准名称
1	GB 20840.1—2010	互感器　第 1 部分：互感器通用技术要求
2	GB 20840.2—2014	互感器　第 2 部分：电流互感器的补充技术要求
3	GB/T 20840.8—2007	互感器　第 8 部分：电子式电流互感器
4	DL/T 725—2013	电力用电流互感器使用技术规范
5	GB/T 31238—2014	1000kV 交流电流互感器技术规范

1. GB 20840.1—2010《互感器　第 1 部分：互感器通用技术要求》

本部分适用于供电气测量仪表或电气保护装置使用、模拟量或数字量输出的互感器。本部分规定了互感器的术语和定义、使用条件、额定值、设计和结构、试验。本部分仅包含互感器通用技术要求，对于每一类互感器，其产品标准由本部分及有关的专用技术要求部分组成。

2. GB 20840.2—2014《互感器 第2部分：电流互感器的补充技术要求》

本部分适用于供电气测量仪表或电气保护装置使用的电磁式电流互感器。本部分规定了电磁式电流互感器的术语和定义、额定值、设计和结构、试验。本部分遵循 GB 20840.1 的编写结构，是对 GB 20840.1 相应条款的增补、修改或替代，应结合 GB 20840.1 配套使用。

3. GB/T 20840.8—2007《互感器 第8部分：电子式电流互感器》

本部分适用于供电气测量仪表或继电保护装置使用、具有模拟电压输出或数字量输出的电子式电流互感器。本部分规定了电子式电流互感器的术语和定义、使用条件、额定值、设计要求、试验、标志、测量用电子式电流互感器的补充要求、保护用电子式电流互感器的补充要求。

4. DL/T 725—2013《电力用电流互感器使用技术规范》

本标准适用于 10～750kV 电压等级、频率 50Hz 供电气测量仪表或继电保护装置使用的电流互感器。本标准规定了电流互感器的术语和定义、使用条件、基本分类、技术要求、结构和选型要求、试验、标志、使用期限。

5. GB/T 31238—2014《1000kV 交流电流互感器技术规范》

本标准适用于 1000kV 交流系统 GIS 和套管用电磁式电流互感器。本标准规定了电流互感器的使用条件、额定值、技术性能要求、结构要求和试验要求。

（二）从标准

电流互感器从标准是指电流互感器设备在运维检修、现场试验、状态评价、技术监督等方面应执行的技术标准。电流互感器从标准包括以下分类：部件元件类、原材料类、运维检修类、现场试验类、状态评价类、技术监督类。电流互感器从标准共 20 项，标准清单详见表 11-2。

表 11-2 电流互感器设备从标准清单

标准分类	序号	标准号	标准名称
部件元件类	1	JB/T 7068—2015	互感器用金属膨胀器
	2	GB/T 4109—2008	交流电压高于 1000V 的绝缘套管
	3	GB/T 21429—2008	户外和户内电气设备用空心复合绝缘子定义、试验方法、接收准则和设计推荐
原材料类	1	GB/T 7595—2017	运行中变压器油质量
	2	DL/T 1366—2014	电力设备用六氟化硫气体
	3	GB/T 15022.1—2009	电气绝缘用树脂基活性复合物 第1部分：定义及一般要求
运维检修类	1	DL/T 727—2013	互感器运行检修导则
	2	Q/GDW 11510—2015	电子式互感器运维导则

标准分类	序号	标准号	标准名称
现场试验类	1	GB/T 22071.1—2008	互感器试验导则　第1部分：电流互感器
	2	Q/GDW 11447—2015	10kV～500kV输变电设备交接试验规程
	3	GB 50150—2016	电气装置安装工程电气设备交接试验标准
	4	GB/T 50832—2013	1000kV系统电气装置安装工程电气设备交接试验标准
	5	Q/GDW 1168—2013	输变电设备状态检修试验规程
	6	Q/GDW 1322—2015	1000kV交流电气设备预防性试验规程
	7	DL/T 664—2016	带电设备红外诊断应用规范
	8	DL/T506—2018	六氟化硫电气设备中绝缘气体湿度测量方法
	9	DL/T 722—2014	变压器油中溶解气体分析和判断导则
状态评价类	1	Q/GDW 10446—2016	电流互感器状态评价导则
	2	Q/GDW 445—2010	电流互感器状态检修导则
技术监督类	1	Q/GDW 11075—2013	电流互感器技术监督导则

（三）支撑标准

电流互感器支撑标准是支撑上述主、从标准中相关条款的国家标准、行业标准、企业标准等相关标准。电流互感器支撑标准共27项，其中，主标准的支撑标准11项，从标准的支撑标准16项。电流互感器支撑标准清单详见表11-3。

表11-3　　　　　　　　电流互感器设备支撑标准清单

序号	标准号	标准名称	支撑类别
1	Q/GDW 107—2003	750kV系统用电流互感器技术规范	主标准
2	Q/GDW 406—2010	110（66）kV～500kV倒置式SF$_6$电流互感器技术标准	主标准
3	Q/GDW 1295—2014	1000kV交流电流互感器技术规范	主标准
4	Q/GDW 1847—2012	电子式电流互感器技术规范	主标准
5	DL/T 1789—2017	光纤电流互感器技术规范	主标准
6	Q/GDW 11528—2016	特高压全光纤电流互感器技术规范	主标准
7	JB/T 10941—2010	合成薄膜绝缘电流互感器	主标准
8	JJG 313—2010	测量用电流互感器	主标准
9	GB/T 20840.6—2017	互感器　第6部分：低功率互感器的补充通用技术要求	主标准
10	Q/GDW 11071.6—2013	110（66）～750kV智能变电站通用一次设备技术要求及接口规范　第6部分：电流互感器	主标准
11	DL/T 1515—2016	电子式互感器接口技术规范	主标准

续表

序号	标准号	标准名称	支撑类别
12	DL/T 1359—2014	六氟化硫电气设备故障气体分析和判断方法	从标准原材料类
13	DL/T 1332—2014	电流互感器励磁特性现场低频试验方法测量导则	从标准现场试验类
14	DL/T 393—2010	输变电设备状态检修试验规程	坐标准现场试验类
15	JJG 1021—2007	电力互感器检定规程	从标准现场试验类
16	DL/T 1544—2016	电子式互感器现场交接验收规范	从标准现场试验类
17	Q/GDW 753.2—2012	智能设备交接验收规范 第2部分：电子式互感器	从标准现场试验类
18	Q/GDW 690—2011	电子式互感器现场校验规范	从标准现场试验类
19	DL/T 313—2010	1000kV 电力互感器现场检验规范	从标准现场试验类
20	Q/GDW 11248—2014	电流互感器检修决策导则	从标准状态检修类
21	JB/T 12011—2014	高压互感器真空干燥注油设备	从标准状态检修类
22	DL/T 1690—2017	电流互感器状态评价导则	从标准状态检修类
23	DL/T 1691—2017	电流互感器状态检修导则	从标准状态检修类
24	GB 50148—2010	电气装置安装工程电力变压器、油浸式电抗器、互感器施工及验收规范	从标准技术监督类
25	GB 50835—2013	1000kV 电力变压器、油浸式电抗器、互感器施工及验收规范	从标准技术监督类
26	Q/GDW 122—2005	750kV 电力变压器、油浸式电抗器、互感器施工及验收规范	从标准技术监督类
27	Q/GDW 192—2008	1000kV 电力变压器、油浸式电抗器、互感器施工及验收规范	从标准技术监督类

三、标准执行说明

（一）主标准

电磁式电流互感器的术语和定义、使用条件、额定值、设计和结构、型式试验及出厂试验应执行 GB 20840.1—2010《互感器 第1部分：互感器通用技术要求》及（GB 20840.2—2014）《互感器 第2部分：电流互感器的补充技术要求》。

电子式电流互感器的术语和定义、使用条件、额定值、设计要求、型式试验及出厂试验、标志、测量用电子式电流互感器的补充要求、保护用电子式电流互感器的补充要求应执行 GB/T 20840.8—2007《互感器 第8部分：电子式电流互感器》。

750kV 及以下电压等级电磁式电流互感器的基本分类、结构和选型要求、使用期限、外绝缘干弧距离要求应执行 DL/T 725—2013《电力用电流互感器使用技术规范》。

1000kV 交流系统 GIS 和套管用电磁式电流互感器的使用条件、额定值、技术性能要求、结构要求、型式试验及出厂试验应执行 GB/T 31238—2014《1000kV 交流电流互感器技术规范》。

标准差异化执行意见：

（1）GB 20840.1—2010《互感器 第 1 部分：互感器通用技术要求》中的第 4.2.5.f）条规定："覆冰厚度不超过 20mm。"建议执行主标准 DL/T 725—2013《电力用电流互感器使用技术规范》中 4.2.5.f）条款中规定："覆冰厚度不低于 10mm。"

原因分析：DL/T 725—2013《电力用电流互感器使用技术规范》中对使用条件的要求更符合实际。

（2）GB 20840.1—2010《互感器 第 1 部分：互感器通用技术要求》表 4规定：额定雷电冲击耐受电压（峰值）550kV 对应的截断雷电冲击耐受电压（峰值）为 530kV，建议执行主标准 DL/T 725—2013《电力用电流互感器使用技术规范》表 3 规定：额定雷电冲击耐受电压（峰值）550kV 对应的截断雷电冲击耐受电压（峰值）为 633kV。

原因分析：DL/T 725—2013《电力用电流互感器使用技术规范》及电流互感器物资采购规范均要求额定雷电冲击耐受电压（峰值）550kV 对应的截断雷电冲击耐受电压（峰值）为 633kV，建议从严执行。

（3）DL/T 725—2013《电力用电流互感器使用技术规范》中 6.10b）条规定："SF_6 气体微水含量在 20℃下应不超过 $250 \times 10^{-6} \mu L/L$。"GB 20840.1—2010《互感器 第 1 部分：互感器通用技术要求》中 6.2.2 条规定："对于额定充气密度达到要求的气体绝缘互感器，其内部最大允许含水量应对应于 20℃测量的露点不高于 −30℃。"Q/GDW 107—2003《750kV 系统用电流互感器技术规范》中 6.12.1 条规定："SF_6 气体含水量不大于 150×10^{-6}（V/V）。"建议750kV 以下电压等级执行主标准 DL/T 725—2013《电力用电流互感器使用技术规范》，要求 SF_6 气体微量水含量在 20℃下应不超过 $250 \mu L/L$。750kV 电压等级执行支撑标准 Q/GDW 107—2003《750kV 系统用电流互感器技术规范》，要求 SF_6 气体含水量不大于 $150 \mu L/L$。

原因分析：SF_6 气体含水量实际运用中习惯采用体积比的表示方式，因此 SF_6 含水量执行 DL/T 725—2013。DL/T 725—2013 标准中要求 "SF_6 气体微量水含量在 20℃下应不超过 $250 \times 10^{-6} \mu L/L$" 应为笔误，实际应为 "$250 \mu L/L$"。

针对 750kV 电压等级电流互感器，Q/GDW 107—2003 要求 SF_6 气体含水量不大于 $150\mu L/L$，建议从严执行。因此要求 750kV 电压等级电流互感器 SF_6 气体含水量在 20℃下不超过 $150\mu L/L$，750kV 以下电压等级要求 SF_6 气体微量水含量在 20℃下应不超过 $250\mu L/L$。

（4）GB 20840.1—2010《互感器　第 1 部分：互感器通用技术要求》表 8 要求 $U_m \geqslant 550kV$ 的互感器的电流端子应能承受的静态 II 类载荷为 5000N。建议执行主标准 DL/T 725—2013《电力用电流互感器使用技术规范》中表 12：$U_m \geqslant 550kV$ 的互感器的电流端子应能承受的静态 II 类载荷为 6000N。

原因分析：DL/T 725—2013《电力用电流互感器使用技术规范》及电流互感器物资采购规范均要求 $U_m \geqslant 550kV$ 的互感器的电流端子应能承受的静态 II 类载荷为 6000N，建议从严执行。

（5）DL/T 725—2013《电力用电流互感器使用技术规范》中第 8 项试验规定："除了项目 h）误差测定是在项目 a）～g）后进行外，其余试验项目的前后顺序或可能的组合均不作规定。"建议执行主标准 GB 20840.1—2010《互感器　第 1 部分：互感器通用技术要求》中 7.3.4 条针对电容量和介质损耗因数的测量规定："试验应在一次端工频耐压试验后进行。"

原因分析：电流互感器在一次绕组工频耐压试验后容易反映出设备存在的绝缘隐患，通过电容量和介质损耗因数可以更有效的体现，因此，应在一次绕组工频耐压试验后进行电容量和介质损耗因数测量。

（二）从标准

1. 部件元件类

电流互感器用金属膨胀器的选用应执行 JB/T 7068—2015《互感器用金属膨胀器》。

电流互感器用绝缘套管的选用应执行 GB/T 4109—2008《交流电压高于 1000V 的绝缘套管》。

电流互感器用空心复合绝缘子的选用应执行 GB/T 21429—2008《户外和户内电气设备用空心复合绝缘子定义、试验方法、接收准则和设计推荐》。

2. 原材料类

气体绝缘电流互感器用六氟化硫气体的选用应执行 DL/T 1366—2014《电力设备用六氟化硫气体》。

油浸式电流互感器用绝缘油的选用应执行 GB/T 7595—2017《运行中变压器油质量》。

干式电流互感器用树脂的选用应执行 GB/T 15022.1—2009《电气绝缘用树脂基活性复合物　第 1 部分：定义及一般要求》。

3. 运维检修类

750kV 及以下电压等级电磁式电流互感器的运行基本要求、运行检查与操作、异常运行与处理、绝缘油与 SF_6 气体的处理应执行 DL/T 727—2013《互感器运行检修导则》。

电子式电流互感器的巡视与检查、运维注意事项、设备验收、缺陷管理、故障及异常处理应执行 Q/GDW 11510—2015《电子式互感器运维导则》。

标准差异化执行意见：

（1）DL/T 727—2013《互感器运行检修导则》第 9.1 条款中规定："电流互感器的检修分类为小修、大修、临时性检修"，建议执行从标准 Q/GDW 445—2010《电流互感器状态检修导则》中的第 4.5 条："电流互感器的检修分类为 A 类检修、B 类检修、C 类检修、D 类检修。"

原因分析：国家电网公司变电设备执行状态检修，根据状态检修规定，设备检修分为 A 类检修、B 类检修、C 类检修、D 类检修。

4. 现场试验类

电流互感器现场试验标准主要包括电流互感器交接试验和运行过程中的例行试验、故障诊断试验。

电流互感器的试验顺序、试验条件、试验要求、试验方法应执行 GB/T 22071.1—2008《互感器试验导则 第 1 部分：电流互感器》。

500kV 及以下电压等级电流互感器交接试验项目及要求应执行 Q/GDW 11447—2015《10kV～500kV 输变电设备交接试验规程》。750kV 电压等级电流互感器交接试验项目及要求执行 GB 50150—2016《电气装置安装工程电气设备交接试验标准》。1000kV 交流系统 GIS 和套管用电磁式电流互感器交接试验项目及要求应执行 GB/T 50832—2013《1000kV 系统电气装置安装工程电气设备交接试验标准》。

750kV 及以下电压等级电流互感器投运后设备巡检、检查和试验的项目、周期和技术要求应执行 Q/GDW 1168—2013《输变电设备状态检修试验规程》，1000kV 交流系统 GIS 和套管用电磁式电流互感器在运行中预防性试验的项目、要求和判断标准应执行 Q/GDW 1322—2015《1000kV 交流电气设备预防性试验规程》。

电流互感器红外测温的方法、缺陷的判断依据应执行 DL/T 664—2016《带电设备红外诊断应用规范》。

气体绝缘电流互感器六氟化硫气体中微水含量的测量方法应执行 DL/T 506—2018《六氟化硫电气设备中绝缘气体湿度测量方法》。

油浸式电流互感器中油中溶解气体分析和判断方法应执行 DL/T 722—2014

《变压器油中溶解气体分析和判断导则》。

标准差异化执行意见：

（1）DL/T 664—2016《带电设备红外诊断应用规范》第 7.2 条款中规定：1000kV 变电站每年不宜少于 3 次检测，330～750kV 变电站每年不宜少于 2 次检测、220kV 及以下变电站每年不宜少于 1 次检测。建议执行从标准 Q/GDW 1168—2013《输变电设备状态检修试验规程》中的表 11：电流互感器红外检测周期，330kV 及以上为 1 个月，220kV 为 3 个月，110kV 为半年，35kV 及以下为 1 年。

原因分析：Q/GDW 1168—2013《输变电设备状态检修试验规程》及《国家电网公司变电检测管理规定》均要求电流互感器的红外检测周期为 330kV 及以上为 1 个月，220kV 为 3 个月，110kV 为半年，35kV 及以下为 1 年，建议从严执行。

（2）Q/GDW 11447—2015《10kV～500kV 输变电设备交接试验规程》表 6 序号 9 规定：年泄漏率小于 0.5%。建议执行从标准 GB 50150—2016《电气装置安装工程电气设备交接试验标准》中 10.0.14 条规定："SF_6 气体绝缘互感器定性检漏应无泄漏点，怀疑有泄漏点时应进行定量检漏，年泄漏率应小于 1%。"

原因分析：最新版十八项反措要求电流互感器 SF_6 气体年泄漏率≤1%，SF_6 气体年泄漏率≤1%更符合实际。

（3）《变压器油中溶解气体分析和判断导则》中 9.3.1 条规定：220kV 及以下：乙炔≤2μL/L；氢气≤300μL/L；总烃≤100μL/L；330kV 及以上：乙炔≤1μL/L；氢气≤150μL/L；总烃≤100μL/L。建议执行从标准 Q/GDW 1168—2013《国家电网公司输变电设备状态检修试验规程》中 5.4.1.4 条规定：乙炔≤2μL/L [110（66）kV]，乙炔≤1μL/L（220kV 及以上）；氢气≤150μL/L [110（66）kV 及以上]；总烃≤100μL/L [110（66）kV 及以上]。

原因分析：Q/GDW 1168—2013《国家电网公司输变电设备状态检修试验规程》标准要求更严格，从严执行。

（4）GB 50150—2016《电气装置安装工程电气设备交接试验标准》中 10.0.3 条规定："应测量一次绕组对二次绕组及外壳、各二次绕组间及其对外壳的绝缘电阻；绝缘电阻值不宜低于 1000MΩ。"建议执行从标准 Q/GDW 11447—2015《10kV～500kV 输变电设备交接试验规程》表 5 中序号 1 "油浸式电磁式电流互感器试验项目和标准要求"，一次绕组的绝缘电阻应大于 3000MΩ，二次绕组对地及绕阻之间不低于 1000MΩ。

原因分析：按照 Q/GDW 11447—2015《10kV～500kV 输变电设备交接试验规程》要求从严执行。

（5）GB 50150—2016《电气装置安装工程电气设备交接试验标准》中 10.0.7.3 条规定："电压等级在 66kV 以上的油浸式互感器，对绝缘性能有怀疑时，应进行油中溶解气体的色谱分析。"Q/GDW 11447—2015《10kV～500kV 输变电设备交接试验规程》表 5 中序号 9 规定：对 110（66）kV 及以上电压等级的油浸式电流互感器，交流耐压试验前后应进行油中溶解气体分析。建议执行 Q/GDW 11447—2015《10kV～500kV 输变电设备交接试验规程》。

原因分析：耐压前后进行油中溶解气体分析，可以判断电流互感器在耐压过程中是否发生局部放电。

（6）Q/GDW 11447—2015《10kV～500kV 输变电设备交接试验规程》表 5 序号 4、表 6 序号 3、表 7 序号 4 中局部放电的测量电压为 $1.2U_\mathrm{m}/\sqrt{3}$。建议执行主标准 GB 50150—2016《电气装置安装工程电气设备交接试验标准》表 10.0.5 中电流互感器局部放电测量电压为 $1.2U_\mathrm{m}/\sqrt{3}$ 和 U_m。

原因分析：GB 50150—2016《电气装置安装工程电气设备交接试验标准》及 GB 20840.1—2010《互感器 第 1 部分：互感器通用技术要求》中针对电流互感器的局部放电测量，均规定了 2 个局部放电测量电压，并相应给出了不同电压下局部放电最大允许水平。且 U_m 相对 $1.2U_\mathrm{m}/\sqrt{3}$ 电压更高，在 U_m 电压下测量局放，容易反映出设备存在的绝缘隐患。

5. 状态评价类

交流系统用电流互感器的状态评价所需资料、评价要求、评价方法及评分标准应执行 Q/GDW 10446—2016《电流互感器状态评价导则》。

交流系统用电流互感器的检修原则、检修分类、检修项目、检修策略应执行 Q/GDW 445—2010《电流互感器状态检修导则》。

6. 技术监督类

电流互感器全过程技术监督内容、技术监督预警与告警、技术档案、技术监督保障体系应执行 Q/GDW 11075—2013《电流互感器技术监督导则》。

第十二章

电压互感器技术标准执行指导意见

扫一扫
视频二维码

一、范围

本指导意见包含了电压互感器的性能参数、技术要求、测试项目及方法、运维检修、现场试验、状态评价、技术监督等相关技术标准，用于指导国家电网公司系统 10kV 及以上电压互感器的检修、试验和技术监督等工作。

二、标准体系概况

本指导意见针对电压互感器相关国家标准、行业标准、企业标准进行梳理，共梳理各类标准 66 项，分类形成主标准 5 项，从标准 28 项，支撑标准 33 项。

（一）主标准

电压互感器主标准是电压互感器设备的技术规范、技术条件类标准，包括设备额定参数值、设计与结构、型式试验/出厂试验项目及要求等内容。电压互感器主标准共 5 项，标准清单详见表 12 - 1。

表 12 - 1　　　　　　　　　电压互感器主标准清单

序号	标准号	标准名称
1	GB 20840.1—2010	互感器　第 1 部分：通用技术要求
2	GB 20840.3—2013	互感器　第 3 部分：电磁式电压互感器的补充技术要求
3	GB/T 20840.5—2013	互感器　第 5 部分：电容式电压互感器的补充技术要求
4	GB/Z 24841—2009	1000kV 交流系统用电容式电压互感器技术规范
5	GB/T 20840.7—2007	互感器　第 7 部分：电子式电压互感器

1. GB 20840.1—2010《互感器　第 1 部分：通用技术要求》

本部分规定了电磁式、电容式和电子式电压互感器的通用使用条件、技术参数及性能要求、试验、使用期限、包装、运输及贮存等内容。

2. GB 20840.3—2013《互感器　第 3 部分：电磁式电压互感器的补充技术要求》

本部分规定了电磁式电压互感器的使用条件、技术参数及性能要求、试验、使用期限、包装、运输及贮存等内容。

3. GB/T 20840.5—2013《互感器　第 5 部分：电容式电压互感器的补充技术要求》

本部分规定了 35～750kV 系统用电容式电压互感器的使用条件、技术参数及性能要求、试验、使用期限、包装、运输及贮存等内容。

4. GB/Z 24841—2009《1000kV 交流系统用电容式电压互感器技术规范》

本部分规定了 1000kV 系统用电容式电压互感器的使用条件、技术参数及性能要求、试验、使用期限、包装、运输及贮存等内容。

5. GB 20840.7—2010《互感器　第 7 部分：电子式电压互感器》

本部分规定了电子式电压互感器的使用条件、技术参数及性能要求、试验、使用期限、包装、运输及贮存等内容。

（二）从标准

电压互感器从标准是指电压互感器设备在运维检修、现场试验、状态评价、技术监督等方面应执行的技术标准。电压互感器从标准包括以下分类：部件元件类、原材料类、运维检修类、现场试验类、状态评价类、技术监督类。电容式电压互感器从标准 28 项，标准清单详见表 12 - 2。

表 12 - 2　　　　　　　　　电压互感器从标准清单

标准分类	序号	标准号	标准名称
部件元件类	1	Q/GDW 415—2010	电磁式电压互感器用非线性电阻型消谐器技术规范
	2	JB/T 7068—2015	互感器用金属膨胀器
	3	GB/T 21429—2008	户外和户内电气设备用空心复合绝缘子
	4	GB/T 4109—2008	交流电压高于 1000V 的绝缘套管
	5	Q/GDW 11520—2016	电容式电压互感器设备绝缘在线监测装置技术规范
	6	GB/T 19749.1—2016	耦合电容器及电容分压器第一部分总则
	7	DL/T 1530—2016	高压绝缘光纤柱
	8	YD/T 981.2—2009	接入网用光纤带光缆　第 2 部分：中心管式
	9	YD/T 981.3—2009	接入网用光纤带光缆　第 3 部分：松套层绞式
原材料类	1	GB 2536—2011	电工流体变压器和开关用的未使用过的矿物绝缘油
	2	GB/T 7595—2017	运行中变压器油质量
	3	DL/T 1366—2014	电力设备用六氟化硫气体
	4	GB/T 8905—2012	六氟化硫电气设备中气体管理和检测导则
	5	GB/T 15022.3—2011	电气绝缘用树脂基活性复合物　第 3 部分：无填料环氧树脂复合物

续表

标准分类	序号	标准号	标准名称
运维检修类	1	DL/T 727—2013	互感器运行检修导则
	2	Q/GDW 10207.4—2016	1000kV 变电设备检修导则　第4部分：电容式电压互感器
现场试验类	1	Q/GDW 11447—2015	10kV～500kV 输变电设备交接试验规程
	2	GB 50150—2016	电气装置安装工程电气设备交接试验标准
	3	Q/GDW 1168—2013	输变电设备状态检修试验规程
	4	Q/GDW 1322—2015	1000kV 交流电气设备预防性试验规程
	5	DL/T 664—2016	带电设备红外诊断应用规范
	6	GB/T 50832—2013	1000kV 系统电气装置安装工程电气设备交接试验标准
状态评价类	1	Q/GDW 458—2010	电磁式电压互感器状态评价导则
	2	Q/GDW 457—2010	电磁式电压互感器状态检修导则
	3	Q/GDW 459—2010	电容式电压互感器、耦合电容器状态检修导则
	4	Q/GDW 460—2010	电容式电压互感器、耦合电容器状态评价导则
	5	Q/GDW 11511—2015	电子式电压互感器状态评价导则
技术监督类	1	Q/GDW 11081—2013	电压互感器技术监督导则

(三) 支撑标准

电压互感器支撑标准是支撑上述主、从标准中相关条款的国家标准、行业标准、企业标准等相关标准。电压互感器支撑标准共33项，其中，主标准的支撑标准16项，从标准的支撑标准17项。电压互感器支撑标准清单详见表12-3。

表 12-3　　　　　　　　　电压互感器支撑标准清单

序号	标准号	标准名称	支撑类别
1	GB/T 22071.2—2017	互感器试验导则　第2部分：电磁式电压互感器	主标准
2	GB/T 16927.1—2011	高电压试验技术　第1部分：一般定义及试验要求	主标准
3	DL/T 866—2015	电流互感器和电压互感器选择及计算规程	主标准
4	DL/T 722—2014	变压器油中溶解气体分析和判断导则	主标准
5	GB/T 8905—2012	六氟化硫电气设备中气体管理和检测导则	主标准
6	GB/T 11604—2015	高压电气设备无线电干扰测试方法	主标准
7	Q/GDW 309—2009	1000kV 系统用电容式电压互感器技术规范	主标准
8	Q/GDW 108—2003	750kV 系统用电压互感器技术规范	主标准
9	DL/T 1251—2013	电力用电容式电压互感器使用技术规范	主标准

序号	标准号	标准名称	支撑类别
10	DL/T 1543—2016	电子式电压互感器选用导则	主标准
11	Q/GDW 1848—2012	电子式电压互感器技术规范	主标准
12	Q/GDW 425—2010	电子式电压互感器技术规范	主标准
13	GB/T 17626.1—2006	电磁兼容试验和测量技术抗扰度试验总论	主标准
14	GB/T 17626.2—2018	电磁兼容试验和测量技术静电放电抗扰度试验	主标准
15	GB/T 17626.8—2006	电磁兼容试验和测量技术工频磁场抗扰度试验	主标准
16	Q/GDW 11071.7—2013	110（66）～750kV 智能变电站通用一次设备技术要求及接口规范 第7部分：电压互感器	主标准
17	DL/T 312—2010	1000kV 电子式电压互感器设备检修导则	从标准运维检修类
18	Q/GDW 751—2012	变电站智能设备运行维护导则	从标准运维检修类
19	JJG 314—2010	测量用电压互感器	从标准现场试验类
20	GB/T 7354—2018	高电压试验技术局部放电测量	从标准现场试验类
21	DL/T 393—2010	输变电设备状态检修试验规程	从标准现场试验类
22	GB/Z 24846—2009	1000kV 交流电气设备预防性试验规程	从标准现场试验类
23	DL/T 313—2010	1000kV 电力互感器现场检验规范	从标准现场试验类
24	Q/GDW 690—2011	电子式互感器现场校验规范	从标准现场试验类
25	Q/GDW 11243—2014	电磁式电压互感器检修决策导则	从标准状态评价类
26	Q/GDW 11240—2014	电容式电压互感器、耦合电容器检修决策导则	从标准状态评价类
27	Q/GDW 11512—2015	电子式电压互感器检修决策导则	从标准状态评价类
28	GB 50148—2010	电气装置安装工程电力变压器、油浸电抗器、互感器施工及验收规范	从标准技术监督类
29	Q/GDW 11651.7—2016	变电站设备验收规范 第7部分：电压互感器	从标准技术监督类
30	GB 50835—2013	1000kV 电力变压器、油浸电抗器、互感器施工及验收规范	从标准技术监督类
31	Q/GDW 194—2008	1000kV 电容式电压互感器、避雷器、支柱绝缘子施工工艺导则	从标准技术监督类
32	DL/T 1544—2016	电子式互感器现场交接验收规范	从标准技术监督类
33	Q/GDW 753.2—2012	智能设备交接验收规范 第2部分：电子式互感器	从标准技术监督类

三、标准执行说明

（一）主标准

电磁式、电容式和电子式电压互感器通用的术语和定义、使用条件、额定值、设计和结构、试验、运输、存储、安装、运行和维修规则等要求应执行 GB 20840.1—2010《互感器 第 1 部分：通用技术要求》。

电磁式电压互感器术语和定义、正常和特殊使用条件、额定值、设计和结构、试验、运输、储存、安装、运行和维护规则等应执行 GB 20840.3—2013《互感器 第 3 部分：电磁式电压互感器的补充技术要求》。

35～750kV 电容式电压互感器的术语和定义、使用条件、额定值、设计和结构、试验、运输、存储、安装、运行和维修规则等应执行 GB/T 20840.5—2013《互感器 第 5 部分：电容式电压互感器的补充技术要求》。

1000kV 电容式电压互感器的术语和定义、使用条件、技术参数及性能要求、结构要求、试验等应执行 GB/Z 24841—2009《1000kV 交流系统用电容式电压互感器技术规范》。

电子式电压互感器术语和定义、正常和特殊使用条件、额定值、设计和结构、试验、运输、储存、安装、运行和维护规则等应执行 GB/T 20840.7—2007《互感器 第 7 部分：电子式电压互感器》。

标准差异化执行意见：

GB/T 20840.7—2007《互感器 第 7 部分：电子式电压互感器》中 7.2 条规定："例行试验"中包含"端子标志检验、一次电压端的工频耐压试验、局部放电测量、低压器件的工频耐压试验、准确度试验、电容量和介质损耗因数测量"。建议执行支撑标准 DL/T 1543—2016《电子式电压互感器选用导则》中8.1.1 条规定："例行试验"中包含"端子标志检验、一次电压端的工频耐压试验、局部放电测量、低压器件的工频耐压试验、准确度试验、密封性能试验、电容量和介质损耗因数测量、数字量输出的补充例行试验、模拟量输出的补充例行试验"。

原因分析：DL/T 1543—2016《电子式电压互感器选用导则》对数字量输出和模拟量输出进行了补充试验要求；密封试验是检验互感器密封性能的有效手段。这三种试验作为电子式电压互感器的重要试验，应列为例行试验，不可省去。

（二）从标准

1. 部件元件类

电磁式电压互感器用非线性电阻型消谐器的使用条件、技术要求、试验方法和检验规则等要求应执行 Q/GDW 415—2010《电磁式电压互感器用非线性电阻型消谐器技术规范》。

电磁式电压互感器用金属膨胀器的选用应执行 JB/T 7068—2015《互感器用金属膨胀器》。

电磁式、电子式电压互感器用空心复合绝缘子的选用应执行 GB/T21429—2008《户外和户内电气设备用空心复合绝缘子》。

电磁式、电容式和电子式电压互感器用绝缘套管的选用应执行 GB/T 4109—2008《交流电压高于 1000V 的绝缘套管》。

电容式电压互感器用在线监测装置的技术要求、试验项目及要求、检验规则、标志、包装、运输、储存主要执行 Q/GDW 11520—2016《电容式电压互感器设备绝缘在线监测装置技术规范》。

电容式电压互感器用电容分压器的选用应执行 GB/T 19749.1—2016《耦合电容器及电容分压器》。

电子式电压互感器的高压绝缘光纤柱选用应执行 DL/T 1530—2016《高压绝缘光纤柱》。

电子式电压互感器的光缆选用应执行 YD/T 981.2—2009《接入网用光纤带光缆 第 2 部分：中心管式》和 YD/T 981.3—2009《接入网用光纤带光缆 第 3 部分：松套层绞式》。

2. 原材料类

油浸式电压互感器新油的选用应执行 GB 2536—2011《电工流体变压器和开关用的未使用过的矿物绝缘油》。

运行电压互感器油的质量标准应执行 GB/T 7595—2017《运行中变压器油质量》。

电压互感器绝缘用树脂的选用应执行 GB/T 15022.1—2009《电气绝缘用树脂基活性复合物 第 1 部分：定义及一般要求》。

气体绝缘式电压互感器用新 SF_6 气体的选用应执行 DL/T 1366—2014《电力设备用六氟化硫气体》。

气体绝缘式电压互感器用 SF_6 气体的管理和检测应执行 GB/T 8905—2012《六氟化硫电气设备中气体管理和检测导则》。

3. 运维检修类

电磁式、电子式和 1000kV 以下电容式电压互感器大修、小修项目，以及常见缺陷处理、例行检查与维护方法等应执行 DL/T 727—2013《互感器运行检修导则》。

1000kV 电容式电压互感器的检修前的准备、检修项目、周期及要求、检修后的检查及试验、投运前的验收和投运后的运行监视、投运后的总结等应执行 Q/GDW 10207.4—2016《1000kV变电设备检修导则　第4部分：电容式电压互感器》。

4. 现场试验类

电压互感器现场试验标准主要包括电压互感器交接试验和运行过程中的例行试验及带电检测类标准。

10～500kV电压互感器交接试验应执行 Q/GDW 11447—2015《10kV～500kV输变电设备交接试验规程》。

750kV电压互感器交接试验应执行 GB 50150—2016《电气装置安装工程电气设备交接试验标准》。

1000kV电压互感器的交接试验项目主要执行 GB/T 50832—2013《1000kV系统电气装置安装工程电气设备交接试验标准》。

10～750kV电压互感器投运后设备巡检、检查和试验的项目、周期和技术要求应执行 Q/GDW 1168—2013《输变电设备状态检修试验规程》。

1000kV电压互感器预防性试验的项目、周期和技术要求应执行 Q/GDW 1322—2015《1000kV交流电气设备预防性试验规程》。

1000kV电压互感器在交接试验中测试其准确度时，应执行 DL/T 313—2010《1000kV电力互感器现场检验规范》。

电压互感器的带电检测项目主要为红外测温，其检测要求及判断方法应执行 DL/T 664—2016《带电设备红外诊断应用规范》。

标准差异化执行意见：

（1）Q/GDW 11447—2015《输变电设备交接试验规程》中7.3.3条第3款规定："在电压为 $1.2U_m/\sqrt{3}$ 时，电压互感器局部放电量不大于50pC。"建议执行从标准 GB 50150—2016《电气装置安装工程电气设备交接试验标准》中10.0.5条第5款规定："35kV全绝缘结构电压互感器在电压为 $1.2U_m$ 时，电压互感器局部放电量不大于100pC。"

原因分析：全绝缘结构电压互感器在运行中可以承受线电压，其绝缘强度要求应更为严格，对其局部放电试验采用比半绝缘结构的电压互感器局部放电试验更高的测量电压可以更好地检测其绝缘性能，建议执行 GB 50150—2016《电气装置安装工程电气设备交接试验标准》的规定。

（2）Q/GDW 11447—2015《输变电设备交接试验规程》中7.3.1条第2款和 GB 50150—2016《电气装置安装工程电气设备交接试验标准》中10.0.4条规定："电压互感器绕组 $\tan\delta$ 不应大于以下数值：110（66）kV以上：0.025。"

110（66）kV及以上电磁式电压互感器绕组介质损耗试验的标准建议执行

支撑标准 Q/GDW 11651.7—2016《变电站设备验收规范　第 7 部分：电压互感器》中表 A.6《电压互感器交接试验验收表》中 3 条规定："110（66）kV 及以上电磁式电压互感器绕组 tanδ 应满足：串级式：介质损耗因数≤0.02；非串级式：介质损耗因数≤0.005。"

原因分析：110（66）kV 及以上电磁式电压互感器以串级式为主，其介质损耗因数标准应采用更严格的 Q/GDW 11651.7—2016《变电站设备验收规范　第 7 部分：电压互感器》规定，有利于及早发现设备缺陷，提高状态检修工作质量。

（3）Q/GDW 11447—2015《输变电设备交接试验规程》中 5.6b）条规定："330kV 设备耐压试验前静置时间应不小于 48h。"建议执行 Q/GDW 11651.7—2016《变电站设备验收规范　第 7 部分：电压互感器》中表 A.6《电压互感器交接试验验收表》中 4 条："油浸式设备在交流耐压试验前要保证静置时间，330kV 设备静置时间不小于 72h。"

原因分析：耐压试验前充分静置被试设备，可使设备绝缘油中杂质颗粒沉淀，避免悬浮颗粒降低设备绝缘性能，对耐压试验造成影响，静置越久，效果越好，故应执行 Q/GDW 11651.7—2016《变电站设备验收规范　第 7 部分：电压互感器》的规定。

（4）Q/GDW 11447—2015《输变电设备交接试验规程》中 7.3.1 条和 GB 50150—2016《电气装置安装工程电气设备交接试验标准》中 10.0.8 条规定：一次绕组直流电阻测量值，与换算到同一温度下的出厂值比较，相差不宜大于 10%；二次绕组直流电阻测量值，与换算到同一温度下的出厂值比较，相差不宜大于 15%。

Q/GDW 11651.7—2016《变电站设备验收规范　第 7 部分：电压互感器》中表 A.6《电压互感器交接试验验收表》第 5 条规定："同一批次的同型号、同规定电压互感器一次绕组、二次绕组的直流电阻值相互间的差异不大于 5%。"

电压互感器交接试验中直流电阻试验标准建议在执行 Q/GDW 11447—2015《输变电设备交接试验规程》中 7.3.1 规定的基础上，同时执行 Q/GDW 11651.7—2016《变电站设备验收规范　第 7 部分：电压互感器》的相关规定。

原因分析：Q/GDW 11447—2015《输变电设备交接试验规程》和 GB 50150—2016《电气装置安装工程电气设备交接试验标准》中对直流电阻值无相关横向比较的规定，Q/GDW 11651.7—2016《变电站设备验收规范　第 7 部分：电压互感器》可以提供补充，有助于更好的判断设备电气性能。

（5）Q/GDW 11447—2015《输变电设备交接试验规程》和 GB 50150—2016《电气装置安装工程电气设备交接试验标准》对用于非关口计量的、35kV 及以

上的电压互感器无误差测量要求。建议执行支撑标准 Q/GDW 11651.7—2016
《变电站设备验收规范 第 7 部分：电压互感器》中表 A.6《电压互感器交接试
验验收表》第 6 条规定：用于非关口计量的、35kV 及以上的电压互感器，宜进
行误差测量。

原因分析：35kV 及以上的电压互感器的准确度影响着测量准确性和保护动
作的灵敏性，关系到电网安全稳定运行，宜根据重要性进行误差测量。

（6）Q/GDW 11447—2015《输变电设备交接试验规程》和 GB 50150—2016
《电气装置安装工程电气设备交接试验标准》对电磁式电压互感器励磁曲线测量
无横、纵向差异规定。

Q/GDW 11651.7—2016《变电站设备验收规范 第 7 部分：电压互感器》
中表 A.6《电压互感器交接试验验收表》第 7 条规定："3）100％电压测量点，
励磁电流不大于出厂试验报告和型式试验报告测量值 30％；4）同批次、同型
号、同规格电压互感器此点的励磁电流不宜相差 10％；测量点电压为 110％、
120％时，其励磁电流增值小于 1.5。"

交接试验中，电磁式电压互感器励磁曲线测量建议执行 Q/GDW 11447—
2015《输变电设备交接试验规程》，同时执行 Q/GDW 11651.7—2016《变电站
设备验收规范 第 7 部分：电压互感器》中关于励磁曲线横、纵向比较的规定。

原因分析：现场试验中，对电磁式电压互感器励磁曲线进行测量并开展横、
纵向差异分析，可以更好地反映设备电气性能。在这方面 Q/GDW 11651.7—
2016《变电站设备验收规范 第 7 部分：电压互感器》为 Q/GDW 11447—2015
《输变电设备交接试验规程》提供了必要的补充。

（7）GB 50150—2016《电气装置安装工程电气设备交接试验标准》10.0.3
对电容式电压互感器无极间绝缘电阻试验要求规定。建议执行从标准 Q/GDW
11447—2015《输变电设备交接试验规程》表 11 电容式电压互感器试验项目和
标准要求规定：极间绝缘电阻不低于 5000MΩ。

原因分析：极间绝缘电阻反映电容式电压互感器绝缘性能，是交接试验中
的必要项目，Q/GDW 11447—2015《输变电设备交接试验规程》补充完善了
GB 50150—2016《电气装置安装工程电气设备交接试验标准》的相关内容。

5. 状态评价类

电磁式电压互感器状态评价和状态检修工作应执行 Q/GDW 458—2010《电
磁式电压互感器状态评价导则》、Q/GDW 457—2010《电磁式电压互感器状态
检修导则》。

电容式电压互感器状态评价和状态检修工作应执行 Q/GDW 460—2010《电
容式电压互感器、耦合电容器状态评价导则》、Q/GDW 459—2010《电容式电

压互感器、耦合电容器状态检修导则》。

电子式电压互感器状态评价应执行 Q/GDW 11511—2015《电子式电压互感器状态评价导则》。

6. 技术监督类

电压互感器可研规划、工程设计、设备采购、设备制造、设备验收、运输储存、安装调试、竣工验收、运维检修和退役报废等全过程技术监督应执行 Q/GDW 11081—2013《电压互感器技术监督导则》。

第十三章

电容器技术标准执行指导意见

一、范围

本指导意见包含了电容器装置本体及附属设备的性能参数、技术要求、测试项目及方法、运维检修、现场试验、状态评价、技术监督等相关技术标准。适用于 1~110kV 并联电容器装置、1000kV 变电站110kV 并联电容器装置、标称电压 1kV 及以下交流电力系统用非自愈式并联电容器、标称电压 1kV 及以下交流电力系统用自愈式并联电容器、耦合电容器和标准电容器，用于指导国家电网有限公司系统 110kV 及以下电容器装置的检修、试验和技术监督等工作。

二、标准体系概况

本指导意见针对电容器相关国家标准、行业标准、企业标准进行梳理，共梳理各类标准 39 项，分类形成主标准 6 项，从标准 22 项，支撑标准 11 项。

（一）主标准

电容器主标准是电容器设备的技术规范、技术条件类标准，包括设备额定参数值、设计与结构、型式试验/出厂试验项目及要求等内容。电容器主标准共6 项，标准清单详见表 13-1。

表 13-1　　　　　　　　　　电容器设备主标准清单

序号	标准号	标准名称
1	GB/T 30841—2014	高压并联电容器装置的通用技术要求
2	DL/T 1182—2012	1000kV 变电站 110kV 并联电容器装置技术规范
3	GB/T 17886.1—1999	标称电压 1kV 及以下交流电力系统用非自愈式并联电容器　第 1 部分：总则 性能、试验和定额 安全要求 安装和运行导则
4	GB/T 12747.1—2017	标称电压 1kV 及以下交流电力系统用自愈式并联电容器　第 1 部分：总则 性能、试验和定额 安全要求 安装和运行导则
5	GB/T 19749.1—2016	耦合电容器及电容分压器　第 1 部分：总则
6	GB/T 9090—1988	标准电容器

1. GB/T 30841—2014《高压并联电容器装置的通用技术要求》

本标准规定了标称电压 1000V 以上的交流电力系统用并联电容器装置的性能、试验、安全要求等，提供了安装和运行导则。本标准适用于装设在标称电压 1000V 以上、频率 50Hz 或 60Hz 的交流电力系统中用来改善功率因数的并联电容器装置。

2. DL/T 1182—2012《1000kV 变电站 110kV 并联电容器装置技术规范》

本标准规定了交流 1000kV 变电站用高压并联电容器装置的使用条件、性能要求、设备配置、试验方法等方面的要求。本标准适用于交流 1000kV 变电站 110kV 高压并联电容器装置。

3. GB/T 17886.1—1999《标称电压 1kV 及以下交流电力系统用非自愈式并联电容器 第 1 部分：总则 性能、试验和定额 安全要求 安装和运行导则》

本部分适用于专门用来提高标称电压为 1kV 及以下、频率为 15～60Hz 交流电力系统的功率因数的电容器单元和电容器组。本部分也适用于在电力滤波电路中的电容器。

4. GB/T 12747.1—2017《标称电压 1kV 及以下交流电力系统用自愈式并联电容器 第 1 部分：总则 性能、试验和定额 安全要求 安装和运行导则》

本部分适用于专门用来改善标称电压为 1kV 及以下、频率为 15～60Hz 的交流电力系统的功率因数的电容器单元和电容器组。本部分也适用于在电力滤波电路中使用的电容器。

5. GB/T 19749.1—2016《耦合电容器和电容分压器 第 1 部分：总则》

GB/T 19749 的本部分规定了耦合电容器及电容分压器的术语和定义、使用条件、额定值、设计要求、试验条件、试验分类、例行试验、型式试验、特殊试验和设备的标志。本标准适用于额定电压 1000V 以上、接于线与地之间、低压端子永久接地或与设备连接的电容器。

6. GB/T 9090—1988《标准电容器》

本标准适用于交流频率 20～1MHz，容量标称值 10^{-4}～10^{12} pF 的单值标准电容器。

（二）从标准

电容器从标准是指电容器设备在运维检修、现场试验、状态评价、技术监督等方面应执行的技术标准。电容器从标准包括以下分类：部件元件类、运维检修类、现场试验类、状态评价类、技术监督类。电容器从标准共 22 项，标准清单详见表 13-2。

163

表 13-2   电容器设备从标准清单

标准分类	序号	标准号	标准名称
部件元件类	1	DL/T 841—2003	高压并联电容器用阻尼式限流器使用技术条件
	2	DL/T 653—2009	高压并联电容器用放电线圈使用技术条件
	3	Q/GDW 11071.8—2013	110 (66) ~750kV 智能变电站通用一次设备技术要求及接口规范 第8部分：高压并联电容器装置
	4	GB/T 11024.1—2019	标称电压 1000V 以上交流电力系统用并联电容器 第1部分：总则
	5	GB/T 11024.2—2019	标称电压 1kV 以上交流电力系统用并联电容器 第2部分：耐久性试验
	6	GB/T 11024.3—2019	标称电压 1kV 以上交流电力系统用并联电容器 第3部分：并联电容器和并联电容器组的保护
	7	GB/T 11024.4—2019	标称电压 1kV 以上交流电力系统用并联电容器 第4部分：内部熔丝
	8	JB/T 5346—2014	高压并联电容器用串联电抗器
	9	GB/T 12747.2—2017	标称电压 1kV 及以下交流电力系统用自愈式并联电容器 第2部分：老化试验、自愈性试验和破坏试验
	10	GB/T 17886.2—1999	标称电压 1kV 及以下交流电力系统用非自愈式并联电容器 第2部分：老化试验和破坏试验
	11	GB/T 17886.3—1999	标称电压 1kV 及以下交流电力系统用非自愈式并联电容器 第3部分：内部熔丝
运维检修类	1	DL/T 969—2005	变电站运行导则
	2	DL/T 355—2010	滤波器及并联电容器装置检修导则
现场试验类	1	GB 50150—2016	电气装置安装工程电气设备交接试验标准
	2	DL/T 664—2016	带电设备红外诊断应用规范
	3	Q/GDW 1168—2013	输变电设备状态检修试验规程
	4	Q/GDW 11447—2015	10kV~500kV 输变电设备交接试验规程
状态评价类	1	Q/GDW 10452—2016	并联电容器装置状态评价导则
	2	Q/GDW 451—2010	并联电容器装置 (集合式电容器装置) 状态检修导则
	3	Q/GDW 460—2010	电容式电压互感器、耦合电容器状态评价导则
	4	Q/GDW 459—2010	电容式电压互感器、耦合电容器状态检修导则
技术监督类	1	Q/GDW 11082—2013	高压并联电容器装置技术监督导则

（三）支撑标准

电容器支撑标准是支撑上述主、从标准中相关条款的国家标准、行业标准、企业标准等相关标准。电容器支撑标准共 11 项，其中，主标准的支撑标准 4 项，从标准的支撑标准 7 项。电容器支撑标准清单详见表 13 - 3。

表 13 - 3　　　　　　　　　　电容器设备支撑标准清单

序号	标准号	标准名称	支撑类别
1	DL/T 604—2009	高压并联电容器装置使用技术条件	主标准
2	DL/T 840—2016	高压并联电容器使用技术条件	主标准
3	Q/GDW 1836—2012	1000kV 变电站并联电容器装置技术条件	主标准
4	Q/GDW 11225—2014	6kV～110kV 高压并联电容器装置技术规范	主标准
5	GB/T 22582—2008	电力电容器 低压功率因数补偿装置	从标准部件元件类
6	DL/T 628—1997	集合式高压并联电容器订货技术条件	从标准部件元件类
7	JB/T 8970—2014	高压并联电容器用放电线圈	从标准部件元件类
8	DL/T 462—1992	高压并联电容器用串联电抗器订货技术条件	从标准部件元件类
9	Q/GDW 11240—2014	电容式电压互感器、耦合电容器检修决策导则	从标准状态评价类
10	Q/GDW 11651.17—2017	变电站设备验收规范　第 17 部分：耦合电容器	从标准技术监督类
11	Q/GDW 11651.9—2016	变电站设备验收规范　第 9 部分：并联电容器组	从标准技术监督类

三、标准执行说明

（一）主标准

并联电容器（并联电容器组）的使用条件、额定值、性能、试验、安全要求等应执行 GB/T 30841—2014《高压并联电容器装置的通用技术要求》。

交流 1000kV 变电站用高压并联电容器装置的术语、技术要求、安全要求、试验方法、检验规则等应执行 Q/GDW 1836—2012《1000kV 变电站并联电容器装置技术条件》。

额定电压 1000V 以上、接于线与地之间、低压端子永久接地或与设备连接的电容器的术语和定义、使用条件、额定值、设计要求试验分类、例行试验、型式试验、特殊试验和设备的标准应执行 GB/T 19749.1—2016《耦合电容器和电容分压器　第 1 部分：总则》。

标准差异化执行意见：

（1）GB/T 30841—2014《高压并联电容器装置的通用技术要求》对并联电容器介质损耗因数测量无规定，建议执行支撑标准 DL/T 840—2016《高压并联电容器使用技术条件》第 5.5 条规定："全膜介质的电容器在工频交流额定电压下，20℃时损耗角正切值不应大于 0.03%。"

原因分析：并联电容器介质损耗因数测量与电容器热稳定性能相关，出厂试验和型式试验必须测量并联电容器介质损耗因数，并且应从严执行。

（2）GB/T 30841—2014《高压并联电容器装置的通用技术要求》表 9 规定：装置额定电压（方均根值）6kV 额定短时工频耐受电压（方均根值）为 30kV。建议执行支撑标准 Q/GDW 11225—2014《6kV~110kV 高压并联电容器装置技术规范》表 13 规定：电压等级 6kV 工频耐受电压（方均根值）为 23/30kV，电压等级 10kV 工频耐受电压（方均根值）为 30/42kV。

原因分析：应区分干燥状态下和淋雨状态下的工频耐受电压（方均根值）。

（3）GB/T 30841—2014《高压并联电容器装置的通用技术要求》中 5.7.5 条中，实测电容值与额定值偏差如下：对于电容量在 3Mvar 及以下的电容器组，−5%~5%，对于电容量在 3Mvar 以上的电容器组，0~5%，对电容器单元未做规定。建议电容器单元执行支撑标准 DL/T 840—2016《高压并联电容器使用技术条件》第 5.4 条款规定："电容器单元的实测电容值与额定值之差不应超过额定值的−3%~5%。"

原因分析：GB/T 30841—2014《高压并联电容器装置的通用技术要求》未对电容器单元电容量偏差进行规定，但是单台电容器部分电容击穿后，整组电容器的电容量最大值与最小值之比仍可能小于 1.02，因此对电容器单元的电容量进行测量很有必要。

（二）从标准

1. 部件元件类

部件元件类从标准主要包含组成设备本体的部件、元件及附属设施（如放电线圈、保护装置等）的技术要求。

高压并联电容器用放电线圈的选用应执行 DL/T 653—2009《高压并联电容器用放电线圈使用技术条件》。

高压并联电容器用阻尼式限流器的选用应执行 DL/T 841—2003《高压并联电容器用阻尼式限流器使用技术条件》。

高压并联电容器用串联电抗器的选用应执行 JB/T 5346—2014《高压并联电容器用串联电抗器》。

110（66）~750kV 智能变电站用高压并联电容器装置接口规范应执行 Q/GDW 11071.8—2013《110（66）~750kV 智能变电站通用一次设备技术要求及接口规范　第 8 部分：高压并联电容器装置》。

标称电压 1000V 以上交流电力系统用并联电容器配用的外部熔断器的试验执行 GB/T 11024.1—2010《标称电压 1000V 以上交流电力系统用并联电容器

第 1 部分：总则》。

标称电压 1000V 以上交流电力系统用并联电容器耐久性试验执行 GB/T 11024.2—2001《标称电压 1000V 以上交流电力系统用并联电容器　第 2 部分：耐久性试验》。

标称电压 1kV 以上交流电力系统用并联电容器和并联电容器组的保护执行 GB/T 11024.3—2001《标称电压 1000V 以上交流电力系统用并联电容器　第 3 部分：并联电容器和并联电容器组的保护》。

标称电压 1kV 以上交流电力系统用并联电容器内部熔丝的性能要求和试验执行 GB/T 11024.4—2001《标称电压 1kV 以上交流电力系统用并联电容器　第 4 部分：内部熔丝》。

标称电压 1kV 及以下交流电力系统用自愈式并联电容器的老化试验、自愈性试验和破坏试验应执行 GB/T 12747.2—2017《标称电压 1kV 及以下交流电力系统用自愈式并联电容器　第 2 部分：老化试验、自愈性试验和破坏试验》。

标称电压 1kV 及以下交流电力系统用非自愈式并联电容器的老化试验和破坏试验应执行 GB/T 17886.2—1999《标称电压 1kV 及以下交流电力系统用非自愈式并联电容器　第 2 部分：老化试验和破坏试验》。

标称电压 1kV 及以下交流电力系统用非自愈式并联电容器内部熔丝的选用应执行 GB/T 17886.3—1999《标称电压 1kV 及以下交流电力系统用非自愈式并联电容器　第 3 部分：内部熔丝》。

2. 运维检修类

并联电容器装置运行的基本要求、运行条件、运行维护、不正常运行和处理应执行 DL/T 969—2005《变电站运行导则》。

并联电容器装置大修、小修项目，以及常见缺陷处理、例行检查与维护方法等应执行 DL/T 355—2010《滤波器及并联电容器装置检修导则》。

3. 现场试验类

现场试验类从标准主要包括交接试验、例行试验和诊断性试验标准。

10kV 及以上电容器装置交接试验应执行 Q/GDW 11447—2015《10kV—500kV 输变电设备交接试验规程》。

10kV 以下电容器装置交接试验应执行 GB 50150—2016《电气装置安装工程电气设备交接试验标准》。

电容器装置投运后设备巡检、检查和试验的项目、周期和技术要求应执行 Q/GDW 1168—2013《输变电设备状态检修试验规程》。

电容器装置的红外检测周期和技术要求应执行 DL/T 664—2016《带电设备红外诊断应用规范》。

4. 状态评价类

并联电容器装置状态评价工作应执行 Q/GDW 10452—2016《并联电容器装置状态评价导则》，耦合电容器状态评价工作应执行 Q/GDW 460—2010《电容式电压互感器、耦合电容器状态评价导则》。状态评价导则与状态检修导则一般配套使用。

5. 技术监督类

高压并联电抗器可研规划、工程设计、设备采购、设备制造、设备验收、运输储存、安装调试、竣工验收、运维检修和退役报废等全过程技术监督应执行 Q/GDW 11082—2013《高压并联电容器装置技术监督导则》。

第十四章

串联电容器补偿装置技术标准执行指导意见

一、范围

本指导意见包含了串联电容器补偿装置（简称串补装置）的性能
参数、技术要求、测试项目及方法、运维检修、现场试验、状态评价、
技术监督等相关技术标准。适用于 220～1000kV 等级串补装置，用于
指导国家电网公司系统 220kV 及以上串补装置的检修、试验和技术监督等工作。

二、标准体系概况

本指导意见针对串补装置相关国家标准、行业标准、企业标准进行梳
理，共梳理各类标准 27 项，分类形成主标准 2 项，从标准 19 项，支撑标准
6 项。

（一）主标准

串补装置主标准是串补装置的技术规范、技术条件类标准，包括串补装置
的型式与电气主接线、基本设计、设计原则及其条件、主设备及子系统的性能
和试验基本要求等内容，见表 14‐1。

表 14‐1  串补装置主标准清单

序号	标准号	标准名称
1	DL/T 1219—2013	串联电容器补偿装置设计导则
2	DL/T 1274—2013	1000kV 串联电容器补偿装置技术规范

1. DL/T 1219—2013《串联电容器补偿装置设计导则》

本标准规定了串补装置的型式与电气主接线、基本设计、设计原则及其条
件，对串补装置主设备及子系统的性能和试验等提出基本要求，适用于 220～
500kV 电压等级串补装置的基本设计及主设备和子系统的基本要求。每个串补
装置工程均有其特殊性，应结合具体工程条件和要求使用本标准。

2. DL/T 1274—2013《1000kV 串联电容器补偿装置技术规范》

本标准规定了 1000kV 串补装置的使用环境条件、额定参数选择、基本设

计、技术要求和试验等要求，适用于1000kV电压等级的采用金属氧化物限压器和强制触发型火花间隙保护的串补装置。

（二）从标准

串补装置从标准是指串补设备在运维检修、现场试验、状态评价和技术监督等方面应执行的技术标准；串补装置从标准包括以下分类：部件元件类、原材料类、运维检修类、现场试验类、状态评价类、技术监督类。串补装置从标准共19项，标准清单详见表14-2。

表 14-2　　　　　　　　　　　串补装置从标准清单

标准分类	序号	标准号	标准名称
部件元件类	1	GB/T 6115.1—2008	电力系统用串联电容器　第1部分：总则
	2	GB/T 6115.2—2017	电力系统用串联电容器　第2部分：串联电容器组用保护设备
	3	GB/T 28565—2012	高压交流串联电容器用旁路开关
	4	GB/T 34869—2017	串联补偿装置电容器组保护用金属氧化物限压器
	5	DL/T 1295—2013	串联补偿装置用火花间隙
	6	DL/T 1530—2016	高压绝缘光纤柱
	7	Q/GDW 11128—2013	1100kV串联补偿装置用旁路隔离开关技术规范
原材料类	1	GB/T 6115.3—2002	电力系统用串联电容器　第3部分：内部熔丝
运维检修类	1	Q/GDW 10656—2015	串联电容器补偿装置运行规范
	2	Q/GDW 10657—2015	串联电容器补偿装置检修规范
	3	Q/GDW 658—2011	串联电容器补偿装置状态检修导则
现场试验类	1	DL/T 366—2010	串联电容器补偿装置一次设备预防性试验规程
	2	DL/T 1220—2013	串联电容器补偿装置交接试验及验收规范
	3	DL/T 1584—2016	1000kV串联电容器补偿装置现场试验规程
	4	Q/GDW 10661—2015	串联电容器补偿装置交接试验规程
	5	Q/GDW 10662—2015	串联电容器补偿装置晶闸管阀的试验
状态评价类	1	DL/T 1090—2008	串联补偿系统可靠性统计评价规程
	2	Q/GDW 659—2011	串联电容器补偿装置状态评价导则
技术监督类	1	Q/GDW 10660—2015	串联电容器补偿装置技术监督导则

（三）支撑标准

串补装置支撑标准是支撑上述主、从标准中相关条款的国家标准、行业标准、企业标准等相关标准。串补装置支撑标准共6项，其中，主标准的支撑标准3项，从标准的支撑标准3项。串补装置支撑标准清单详见表14-3。

表 14 - 3   串补装置支撑标准清单

序号	标准号	标准名称	支撑类别
1	Q/GDW 10655—2015	串联电容器补偿装置通用技术要求	主标准
2	Q/GDW 1846—2012	1000kV 串联电容器补偿装置技术规范	主标准
3	Q/GDW 10663—2015	串联电容器补偿装置控制保护设备的基本技术条件	主标准
4	DL/T 365—2010	串联电容器补偿装置控制保护系统现场检验规程	从标准现场试验类
5	Q/GDW 10664—2015	串联电容器补偿装置控制保护系统现场检验规程	从标准现场试验类
6	Q/GDW 11447—2015	输变电设备交接试验规程	从标准现场试验类

Q/GDW 10655—2015 及 Q/GDW 1846—2012 企业标准与相应行业标准内容基本相同，差异处在下文列出，未列之处均执行行业标准内容。Q/GDW 10663—2015、DL/T 365—2010、Q/GDW 10664—2015 三个标准均为控制保护相关标准。Q/GDW 11447—2015《输变电设备交接试验规程》由于仅有电容器极对壳耐压一条要求需要按该标准执行，其余条款均采用 DL/T 1220《串联电容器补偿装置交接试验及验收规范》从标准，因此该标准加入支撑标准中。

三、标准执行说明

(一) 主标准

220～500kV 串补装置的型式与电气主接线、基本设计、设计原则及其条件、主设备及子系统的性能和试验要求应执行 DL/T 1219—2013《串联电容器补偿装置设计导则》。

1000kV 电压等级的采用金属氧化物限压器和强制触发型火花间隙保护的串补装置，其使用环境条件、额定参数选择、基本设计、技术要求和试验要求应执行 DL/T 1274—2013《1000kV 串联电容器补偿装置技术规范》。

标准差异化执行意见：

(1) Q/GDW 10655—2015《串联电容器通用技术要求》第 8.4 条规定："串补装置围栏处可听噪声水平应控制在昼间 70dB、夜间 55dB 范围之内。"建议执行 DL/T 1219—2013《串联电容器补偿装置设计导则》："串补装置的场界处可听噪声水平应控制在昼间 55dB、夜间 45dB 范围之内。"

原因分析：DL/T 1219—2003《串联电容器补偿装置设计导则》要求串补装置的场界处可听噪声水平应控制在昼间 55dB、夜间 45dB 范围之内，建议从严执行。

(2) Q/GDW 10655—2015《串联电容器通用技术要求》中 9.1.1.3 条规定："在参考温度下的电容与额定电容之偏差应不超过下列限值：

a) 对电容器单元：－3.0%～＋5.0%；

b) 对额定容量小于 30Mvar 的电容器组：±3.0%。

此外，电容偏差应不大于：

a) 额定容量小于 30Mvar 的电容器组中任何两个相间的电容偏差：2.0%；

b) 在额定容量为 30Mvar 及以上的电容器组中，任何两个相间的电容偏差：1.0%。"

建议执行 DL/T 1219—2013《串联电容器补偿装置设计导则》：

"a) 对电容器单元：±3.0%；

b) 对电容器组：±3.0%；

c) 电容器组中任两个相间的电容偏差不应大于 1.0%。"

原因分析：建议从严执行。

（3）Q/GDW 10655—2015《串联电容器通用技术要求》中 9.5.1 条对规定："金属氧化物限压器 MOV 的阀片应当具备很高的一致性，整组 MOV 应在相同的工艺和技术条件下生产加工而成，并经过严格的配片计算以降低不平衡电流，同一相每柱之间的不平衡系数应小于 10%。"建议执行 DL/T 1219—2013《串联电容器补偿装置设计导则》："MOV 的阀片应具备一致性，整组 MOV 应在相同的工艺和技术条件下生产加工而成，并经过严格的配片计算以降低不平衡电流，同相每一柱之间的不平衡系数应小于 5%。"

原因分析：建议从严执行。

（4）Q/GDW 1846—2012《1000kV 串联电容器补偿装置技术规范》中 11.1.3 条对限压器 MOV 冗余单元个数的规定为："每个平台应有 MOV 冗余单元，冗余单元的总容量不应小于额定能量的 10%，且不少于 2 个 MOV 单元。"建议执行 DL/T 1274—2013《1000kV 串联电容器补偿装置技术规范》："每个平台每个平台应有 MOV 冗余单元，冗余单元的总容量不应小于额定能量的 10%，且不少于 3 个 MOV 单元。"

原因分析：建议从严执行。

(二) 从标准

1. 部件元件类

部件元件类主要包含组成串补装置的部件、元件及附属设施的技术要求。

串补装置中电容器的性能、试验等要求应执行 GB/T 6115.1—2008《电力系统用串联电容器　第 1 部分：总则》。

高压交流串联电容器用旁路开关的技术要求、试验、选用原则应执行 GB/T 28565—2012《高压交流串联电容器用旁路开关》。

串联电容器组用保护设备的质量要求、试验以及应用运行原则应执行 GB/T

6115.2—2012《电力系统用串联电容器 第 2 部分：串联电容器组用保护设备》。

1100kV 串联装置用旁路隔离开关质量要求、试验以及应用运行原则应执行 Q/GDW 11128—2013《1100kV 串联补偿装置用旁路隔离开关技术规范》。

串联装置用金属氧化物限压器质量要求、试验以及应用运行原则应执行 GB/T 34869—2017《串联补偿装置电容器组保护用金属氧化物限压器》。

串联装置用火花间隙质量要求、试验以及应用运行原则应执行 DL/T 1295—2013《串联补偿装置用火花间隙》。

串联装置用光纤柱质量要求、试验以及应用运行原则应执行 DL/T 1530—2016《高压绝缘光纤柱》。

2. 原材料类

串补装置内部熔丝的性能、试验要求应执行 GB/T 6115.3—2002《电力系统用串联电容器 第 3 部分：内部熔丝》。

3. 运维检修类

串补装置的运行方式、设备验收、设备巡视检查、设备操作程序及操作规定、缺陷管理、故障处理、培训要求和技术管理应执行 Q/GDW 10656—2015《串联电容器补偿装置运行规范》。

串补装置中各主要设备的 C 类检修应遵循的基本原则、检修前的准备、检修项目、检修方法和质量标准要求应执行 Q/GDW 10657—2015《串联电容器补偿装置检修规范》。

串补装置的状态检修实施原则、检修项目和状态检修策略应执行 Q/GDW 658—2011《串联电容器补偿装置状态检修导则》。

4. 现场试验类

串补装置一次设备预防性试验的项目、要求和方法应执行 DL/T 366—2010《串联电容器补偿装置一次设备预防性试验规程》。

串补装置现场交接试验遵循的基本原则、试验项目和验收标准应执行 DL/T 1220—2013《串联电容器补偿装置交接试验及验收规范》与 Q/GDW 10661—2015《串联电容器补偿装置交接试验规程》。

1000kV 串补装置的现场试验项目、试验方法、测试内容及评价要求应执行 DL/T 1584—2016《1000kV 串联电容器补偿装置现场试验规程》。

串补装置晶闸管阀的型式试验、例行试验和特殊试验规则应执行 Q/GDW 10662—2015《串联电容器补偿装置晶闸管阀试验规程》。

标准差异化执行意见：

（1）DL/T 366—2010《串联电容器补偿装置一次设备预防性试验规程》中

5.2条规定："MOV直流参考电流取1mA。"建议执行DL/T 1220—2013《串联电容器补偿装置 交接试验及验收规范》中5.2条规定："MOV直流参考电流取1mA/柱。"

原因分析：串补MOV为多柱并联结构，因此只进行直流1mA参考电压试验无法准确判断MOV缺陷。

（2）DL/T 366—2010《串联电容器补偿装置一次设备预防性试验规程》中5.7条规定："电流互感器绕组间及其对地绝缘电阻不应小于100MΩ。"建议执行DL/T 1220—2010《串联电容器补偿装置 交接试验及验收规范》中5.5.3条规定："测量一次绕组间、一次绕组对二次绕组及外壳、各二次绕组间及其对外壳的绝缘电阻，其值不应小于1000MΩ。"

原因分析：建议从严执行。

（3）DL/T 1220—2010《串联电容器补偿装置 交接试验及验收规范》中5.1.4条规定："电容器交流耐压试验应在极对壳之间进行，电压值取出厂值的75%。"建议执行Q/GDW 11447—2015《输变电设备交接试验规程》16.2的规定："电容器极对壳交流试验电压值取出厂值的80%。"

原因分析：建议从严执行。

5. 状态评价类

串补装置可靠性的统计办法和评价指标应执行DL/T 1090—2008《串联补偿系统可靠性统计评价规程》。

串补装置状态评价的资料、评价要求、评价方法及评价结果应执行Q/GDW 659—2011《串联电容器补偿装置状态评价导则》。

6. 技术监督类

串补装置规划可研、工程设计、采购制造、运输安装、调试验收、运维检修、退出报废的全过程技术监督内容，以及对设备异常的检测、评估、分析、告警和整改的过程监督工作要求应执行Q/GDW 10660—2015《串联电容器补偿装置技术监督导则》。

第十五章

避雷器技术标准执行指导意见

一、范围

本指导意见包含了避雷器本体及附属设备的性能参数、技术要求、测试项目及方法、运维检修、现场试验、状态评价、技术监督等相关技术标准。适用于交流无间隙金属氧化物避雷器、直流无间隙金属氧化物避雷器、交流架空输电和配电线路用带外串联间隙金属氧化物避雷器、直流输电线路用复合外套带串联间隙金属氧化物避雷器，用于指导国家电网有限公司 1kV 及以上避雷器的检修、试验、状态评价和技术监督等工作。

扫一扫
视频二维码

二、标准体系概况

本指导意见针对避雷器相关国家标准、行业标准、企业标准进行梳理，共梳理各类标准 28 项，其中，主标准 7 项、从标准 13 项、支撑标准 8 项。

（一）主标准

避雷器主标准是避雷器的技术规范、技术条件类标准，包括设备额定参数值、设计与结构、型式试验/出厂试验项目及要求等内容。避雷器主标准共 7 项，标准清单见表 15-1。

表 15-1 避雷器主标准清单

序号	标准号	标准名称
1	GB 11032—2010	交流无间隙金属氧化物避雷器
2	GB/T 22389—2008	高压直流换流站无间隙金属氧化物避雷器导则
3	GB/T 32520—2016	交流 1kV 以上架空输电和配电线路用带外串联间隙金属氧化物避雷器（EGLA）
4	Q/GDW 11007—2013	±500kV 直流输电线路用复合外套带串联间隙金属氧化物避雷器技术规范
5	GB/T 25083—2010	±800kV 直流系统用金属氧化物避雷器
6	Q/GDW 1109—2015	750kV 金属氧化物避雷器技术规范
7	GB/Z 24845—2009	1000kV 交流系统用无间隙金属氧化物避雷器技术规范

1. GB 11032—2010《交流无间隙金属氧化物避雷器》

本标准适用于 1kV 及以上电压等级交流电力系统中的无间隙金属氧化物避雷器，包括气体绝缘封闭金属氧化物避雷器。

2. GB/T 22389—2008《高压直流换流站无间隙金属氧化物避雷器导则》

本标准适用于高压直流换流站无间隙金属氧化物避雷器。标准规定了高压直流换流站无间隙金属氧化物避雷器的技术要求、试验方法、检验规则等内容。

3. GB/T 32520—2016《交流 1kV 以上架空输电和配电线路用带外串联间隙金属氧化物避雷器（EGLA）》

本标准适用于为保护线路绝缘〔包括绝缘子（串）和空气间隙〕免受雷电引起的闪络或击穿，用于交流 1kV 以上架空输电和配电线路不带绝缘支撑的外串联间隙金属氧化物避雷器。

4. Q/GDW 11007—2013《±500kV 直流输电线路用复合外套带串联间隙金属氧化物避雷器技术规范》

本标准适用于为限制±500kV 直流输电线路雷电过电压而设计的复合外套带串联（纯空气）间隙金属氧化物避雷器。标准规定了±500kV 直流输电线路用复合外套带串联间隙金属氧化物避雷器的运行条件、技术要求、试验方法、检验规则、运行维护等内容。

5. GB/T 25083—2010《±800kV 直流系统用金属氧化物避雷器》

本标准适用于±800kV 直流输电用瓷外套和复合外套无间隙金属氧化物避雷器。标准规定了±800kV 直流输电用瓷外套和复合外套无间隙金属氧化物避雷器运维条件、技术要求、试验方法、检验规则等内容。

6. Q/GDW 109—2003《750kV 金属氧化物避雷器技术规范》

本标准适用于 750kV 系统用金属氧化物避雷器，规定了避雷器的功能设计、结构、性能、安装和试验等方面的技术要求。

7. GB/Z 24845—2009《1000kV 交流系统用无间隙金属氧化物避雷器技术规范》

本标准适用于 1000kV 交流系统用无间隙金属氧化物避雷器运行条件、技术要求、试验程序、测试设备、试验（型式、例行、验收、定期、抽样）和包装运输等方面的要求。

（二）从标准

避雷器从标准是指避雷器在运维检修、现场试验、状态评价、技术监督等方面应执行的技术标准；避雷器从标准包括以下分类：部件元件类、原材料类、运维检修类、现场试验类、状态评价类、技术监督类。避雷器从标准共 13 项，标准清单见表 15 - 2。

表 15 - 2   避雷器从标准清单

标准分类	序号	标准号	标准名称
部件元件类	1	Q/GDW 1537—2015	金属氧化物避雷器绝缘在线监测装置技术规范
	2	DL/T 1294—2013	交流电力系统金属氧化物避雷器用脱离器使用导则
	3	Q/GDW 11071.10—2013	110（66）～750kV 智能变电站通用一次设备技术要求及接口规范 第10部分：交流无间隙金属氧化物避雷器
原材料类	1	JB/T 9669—2013	避雷器用橡胶密封件及材料规范
运维检修类	1	DL/T 1702—2017	金属氧化物避雷器状态检修导则
	2	Q/GDW 10207.3—2016	1000kV 变电设备检修导则 第3部分：金属氧化物避雷器
现场试验类	1	GB 50150—2016	电气装置安装工程电气设备交接试验标准
	2	DL/T 474.5—2018	现场绝缘试验导则 避雷器试验
	3	DL/T 664—2016	带电设备红外诊断应用规范
	4	Q/GDW 1168—2013	输变电设备状态检修试验规程
	5	Q/GDW 11369—2014	避雷器泄漏电流带电检测 技术现场应用导则
状态评价类	1	Q/GDW 10454—2016	金属氧化物避雷器状态评价导则
技术监督类	1	Q/GDW 11079—2013	交流金属氧化物避雷器技术监督导则

（三）支撑标准

避雷器支撑标准是支撑上述主标准、从标准中相关条款的家标准、行业标准、企业标准等相关标准。避雷器支撑标准共8项，其中，主标准的支撑标准5项、从标准的支撑标准3项。避雷器支撑标准清单见表15-3。

表 15 - 3   避雷器支撑标准清单

序号	标准号	标准名称	支撑类别
1	GB/T 28547—2012	交流金属氧化物避雷器选择和使用导则	主标准
2	Q/GDW 1779—2013	1000kV 交流特高压输电线路用带串联间隙复合外套金属氧化物避雷器技术规范	主标准
3	Q/GDW 11308—2014	110（66）kV～750kV 避雷器技术条件	主标准
4	Q/GDW 11453—2015	750kV 交流输电线路用带串联间隙复合外套金属氧化物避雷器技术规范	主标准
5	Q/GDW 11255—2014	配电网避雷器选型技术原则和检测技术规范	主标准
6	Q/GDW 540.3—2010	变电设备在线监测装置检验规范 第3部分：电容型设备及金属氧化物避雷器绝缘在线监测装置	从标准 部件元件类

序号	标准号	标准名称	支撑类别
7	Q/GDW 11241—2014	金属氧化物避雷器检修决策导则	从标准运维检修类
8	JB/T 7618—2011	避雷器密封试验	从标准现场试验类

三、标准执行说明

（一）主标准

交流无间隙金属氧化物避雷器（复合外套避雷器、气体绝缘金属封闭避雷器、分离型及外壳不带电型避雷器、液浸式避雷器）的标志及分类、标准额定值和运行条件、技术要求、试验要求等应执行 GB 11032—2010《交流无间隙金属氧化物避雷器》。

直流换流站无间隙金属氧化物避雷器的性能参数、运行条件、技术要求、试验方法、检验规则等应执行 GB/T 22389—2008《高压直流换流站无间隙金属氧化物避雷器导则》。

交流输电和配电线路用带外串联间隙金属氧化物避雷器的标志和分类、性能参数、运行条件、技术要求、试验要求及满足输电和配电线路特定设计理念和特殊应用引入的独特的要求和试验（如绝缘子耐受和 EGLA 保护水平之间绝缘配合的验证试验，续流遮断试验，机械负荷试验）等执行 GB/T 32520—2016《交流 1kV 以上架空输电和配电线路用带外串联间隙金属氧化物避雷器（EGLA）》。

±500kV 直流输电线路用复合外套带串联间隙金属氧化物避雷器的标志、性能参数、运行条件、技术要求、试验方法、检测规则、包装和运行维护等应执行 Q/GDW 11007—2013《±500kV 直流输电线路用复合外套带串联间隙金属氧化物避雷器技术规范》。

±800kV 直流输电用瓷外套和复合外套无间隙金属氧化物避雷器的运行条件、技术要求、测量及试品、测量设备、试验方法、检验规则等应执行 GB/T 25083—2010《±800kV 直流系统用金属氧化物避雷器》。

750kV 系统用金属氧化物的环境条件、基本技术参数、技术性能要求及试验等应执行 Q/GDW 109—2003《750kV 金属氧化物避雷器技术规范》。

1000kV 交流系统用无间隙金属氧化物避雷器的标准额定值、运行条件、技术要求、试验程序、测试设备和试品、型式试验、例行试验、定期试验、抽样试验等应执行 GB/Z 24845—2009《1000kV 交流系统用无间隙金属氧化物避雷器技术规范》。

标准差异化执行意见：

（1）关于交流无间隙金属氧化物避雷器型式试验项目不一致的差异问题。GB 11032—2010《交流无间隙金属氧化物避雷器》第 8 条型式试验规定：无金具镀锌检查项目。Q/GDW 11308—2014《交流 110（66）kV～750kV 系统用避雷器技术条件》第 8.1.1 条型式试验规定：包含金具镀锌检查项目。

原因分析：避雷器应进行金具镀锌检查，按 Q/GDW 11308—2014《交流110（66）kV～750kV 系统用避雷器技术条件》执行。

（2）关于交流无间隙金属氧化物避雷器正常运行条件下地震烈度要求不一致的差异问题。Q/GDW 11308—2014《交流 110（66）kV～750kV 系统用避雷器技术条件》第 5.1 条规定："正常使用环境条件地震烈度不大于 8 度。"GB 11032—2010《交流无间隙金属氧化物避雷器》第 5.4.1 条规定："正常运行条件地震烈度Ⅶ度及以下地区。"

原因分析：Q/GDW 11308—2014《交流 110（66）kV～750kV 系统用避雷器技术条件》2014 年颁布实施，执行标准较严格，按该标准执行。

（二）从标准

1. 部件元件类

避雷器部件元件类主要包括组成设备本体的部件、元件及附属设施（如在线监测装置、脱离器等）的技术要求。

避雷器在线监测装置需要满足的技术要求、试验方法、试验项目应执行 Q/GDW 1537—2015《金属氧化物避雷器绝缘在线监测装置技术规范》。

避雷器用脱离器的选用应执行 DL/T 1294—2013《交流电力系统金属氧化物避雷器用脱离器使用导则》，该标准是对主标准 GB 11032—2010《交流无间隙金属氧化物避雷器》中涉及的无间隙金属氧化物避雷器用脱离器内容的补充和完善。除保留了脱离器现有性能要求和试验要求外，增加了机械、环境、外套绝缘耐受等性能和试验要求。

110（66）～750kV 智能变电站中 20～750kV 无间隙金属氧化物避雷器应执行 Q/GDW 11071.10—2013《110（66）～750kV 智能变电站通用一次设备技术要求及接口规范　第 10 部分：交流无间隙金属氧化物避雷器》，该标准规定了避雷器通用设备的正常和特殊使用条件、技术参数、标准接口、选用原则和试验项目。

2. 原材料类

避雷器的橡胶密封件及材料选用应执行 JB/T 9669—2013《避雷器用橡胶密封件及材料规范》。

针对避雷器橡胶密封件及材料的选用规范，在 JB/T 9669—2013《避雷器用橡胶密封件及材料规范》中规定了避雷器用橡胶密封件的结构型式、材料规范、试验方法和检验规则等内容，由于主标准 GB 11032—2010《交流无间隙金属氧化物避雷器》中未明确避雷器用橡胶密封件及材料的相关技术要求，因此将 JB/T 9669—2013《避雷器用橡胶密封件及材料规范》作为从标准。

3. 运维检修类

避雷器运维检修阶段实施状态检修的时间、内容和类别应执行 DL/T 1702—2017《金属氧化物避雷器状态检修导则》，该标准适用于系统电压等级为 110（66）～750kV 的交流金属氧化物避雷器。

1000kV 避雷器的检修项目及要求应执行《1000kV 变电设备检修导则 第 3 部分：金属氧化物避雷器》。

4. 现场试验类

避雷器现场试验标准主要包括避雷器交接试验和运行过程中的例行试验、故障诊断试验及带电检测类标准。

750kV 及以下金属氧化物避雷器交接试验项目和标准应执行 GB 50150—2016《电气装置安装工程电气设备交接试验标准》。

金属氧化物避雷器常规试验项目的具体试验方法、技术要求和注意事项等技术细则应执行 DL/T 474.5—2018《现场绝缘试验导则 避雷器试验》。

金属氧化物避雷器巡检及例行试验和诊断性试验应执行 Q/GDW 1168—2013《输变电设备状态检修试验规程》。

避雷器红外诊断的术语和定义、现场检测要求、现场操作方法、仪器管理和检验、红外检测周期、判断方法、诊断判据和缺陷类型的确定及处理方法等内容应执行 DL/T 664—2016《带电设备红外诊断应用规范》。

避雷器泄漏电流带电检测技术的检测原理、测试系统要求、检测要求和方法应执行 Q/GDW 11369—2014《避雷器泄漏电流带电检测 技术现场应用导则》。

5. 状态评价类

10～750kV 交流金属氧化物避雷器状态评价的状态量构成及权重、状态评价标准及方法应执行 Q/GDW 10454—2016《金属氧化物避雷器状态评价导则》。

6. 技术监督类

交流金属氧化物避雷器的规划可研、工程设计、采购制造、运输安装、调试验收、运维检修、退出报废全过程的技术监督工作应执行 Q/GDW 11079—2013《交流金属氧化物避雷器技术监督导则》，该导则是依据国家、行业的有关标准、规程和规范并结合近年来国家电网公司交流金属氧化物避雷器设备评估分析、生产运行情况分析以及设备运行经验而制定的。

第十六章

接地网技术标准执行指导意见

扫一扫
视频二维码

一、范围

本指导意见包含了接地网的性能参数、技术要求、测试项目及方法、运维检修、现场试验、状态评价、技术监督等相关技术标准。适用于 1~1000kV 交流变电（含换流站交流部分）、配电接地网，用于指导国家电网有限公司系统 1kV 及以上接地网的检修、试验和技术监督等工作。

二、标准体系概况

本指导意见针对接地网相关国家标准、行业标准、企业标准进行梳理，共梳理各类标准 21 项，其中，主标准 2 项、从标准 9 项、支撑标准 10 项。

（一）主标准

接地网主标准是接地网设备的技术规范、技术条件类标准，包括接地网额定参数值、设计与结构、材料选型及要求等内容。接地网主标准共 2 项，标准清单见表 16-1。

表 16-1　　　　　　　　　　接地网设备主标准清单

序号	标准号	标准名称
1	GB 50065—2011	交流电气装置的接地设计规范
2	Q/GDW 278—2009	1000kV 变电站接地技术规范

1. GB 50065—2011《交流电气装置的接地设计规范》

本标准适用于交流标称电压 1~750kV 发电、变电、送电和配电高压电气装置，以及 1kV 及以下低压电气装置的接地设计。

2. Q/GDW 278—2009《1000kV 变电站接地技术规范》

本标准适用于 1000kV 变电站的接地系统，规定了变电站接地系统设计的一般要求、接地网的接地电阻与均压要求和接地系统的本体设计方法。

（二）从标准

接地网从标准是指接地网设备在运维检修、现场试验、状态评价、技术监督等方面应执行的技术标准。接地网从标准包括以下分类：部件元件类、原材料类、现场试验类、状态评价类。接地网从标准共9项，标准清单见表16-2。

表16-2 接地网设备从标准清单

标准分类	序号	标准号	标准名称
部件元件类	1	DL/T 380—2010	接地降阻材料技术条件
原材料类	1	DL/T 1342—2014	电气接地工程用材料及连接件
现场试验类	1	GB 50150—2016	电气装置安装工程电气设备交接试验标准
	2	Q/GDW 1168—2013	输变电设备状态检修试验规程
	3	DL/T 475—2017	接地装置特性参数测量导则
	4	GB 50169—2016	电气装置安装工程接地装置施工及验收规范
状态评价类	1	Q/GDW 10611—2017	变电站防雷及接地装置状态评价导则
	2	Q/GDW 610—2011	变电站防雷及接地装置状态检修导则
	3	DL/T 1532—2016	接地网腐蚀诊断技术导则

（三）支撑标准

接地网支撑标准是支撑上述主、从标准中相关条款的国家标准、行业标准、企业标准等相关标准。接地网支撑标准共10项，其中，主标准的支撑标准1项，从标准的支撑标准9项。接地网支撑标准清单见表16-3。

表16-3 接地网设备支撑标准清单

序号	标准号	标准名称	支撑类别
1	GB/T 50064—2014	交流电气装置的过电压保护和绝缘配合设计规范	主标准
2	DL/T 1314—2013	电力工程用缓释型离子接地装置技术条件	从标准部件元件类
3	GB/T 21698—2008	复合接地体技术条件	从标准部件元件类
4	DL/T 1677—2016	电力工程接地降阻技术规范	从标准部件元件类
5	DL/T 1457—2015	电气工程接地锌包钢技术条件	从标准原材料类
6	DL/T 1312—2013	电气工程接地用铜覆钢技术条件	从标准原材料类
7	DL/T 1315—2013	电力工程接地装置用放热焊剂技术条件	从标准原材料类
8	DL/T 1554—2016	接地网土壤腐蚀性评价导则	从标准状态评价类
9	Q/GDW 1781—2013	交流电力工程接地防腐蚀技术规范	从标准状态评价类
10	DL/T 1680—2016	大型接地网状态评估技术导则	从标准状态评价类

三、标准执行说明

（一）主标准

交流标称电压 1～750kV 变电和配电高压电气装置，以及 1kV 及以下低压电气装置的接地网电气性能、材料规格等应执行 GB 50065—2011《交流电气装置的接地设计规范》。

交流标称电压 1000kV 变电站接地网电气性能、材料规格等应执行 Q/GDW 278—2009《1000kV 变电站接地技术规范》。

标准差异化执行意见：

（1）GB 50065—2011《交流电气装置的接地设计规范》中 4.3.7 条规定："发电厂和变电站电气装置中电气装置接地导体（线）的连接，应符合下列要求：采用铜或铜覆钢材的接地导体（线）应采用放热焊接方式连接。钢接地导体（线）使用搭接焊接方式时，其搭接长度应为扁钢宽度的 2 倍。"建议执行从标准 GB 50169—2016《电气装置安装工程接地装置施工及验收规范》中的 4.3.4 条："接地线、接地极采用电弧焊连接时应采用搭接焊接，其搭接长度应符合下列规定：扁钢应为其宽度的 2 倍且不得少于 3 个棱边焊接。"

原因分析：为使焊接更为牢固，应对焊接部位做明确要求，建议执行 GB 50169—2016《电气装置安装工程接地装置施工及验收规范》中的规定，不得少于 3 个棱边焊接。

（2）GB 50065—2011《交流电气装置的接地设计规范》中 4.3.1 条规定"在永冻土地区可采用下列措施：可敷设深钻式接地极，或充分利用井管或其他深埋在地下的金属构件作接地极，还应敷设深垂直接地极，其深度应保证深入冻土层下面的土壤至少 5m。"750kV 以下接地装置建议执行从标准 GB 50169—2016《电气装置安装工程接地装置施工及验收规范》中 4.4.2 条规定："在永冻土地区可采用下列措施降低接地电阻：敷设深钻式接地极，或充分利用井管或其他深埋地下的金属构件作接地极，还应敷设深垂直接地极，其深度应保证深入冻土层下面的土壤至少 0.5m。"

原因分析：考虑到现场实际情况，垂直接地极埋深深入冻土层下面的土壤 0.5m 基本可以解决高接地电阻降阻的问题。建议 750kV 及以下电压等级变电站按 GB 50169—2016《电气装置安装工程接地装置施工及验收规范》中的规定执行。

（3）GB 50065—2011《交流电气装置的接地设计规范》中 E.0.2 条要求：C——接地导体（线）材料的热稳定系数，根据材料的种类、性能及最大允许温度和接地故障前接地导体（线）的初始温度确定。校验铜和铜覆钢材接地导体（线）热稳定用的 C 值（标准中表 E.0.2-2）见表 16-4。

表 16 - 4　　　校验铜和铜覆钢材接地导体（线）热稳定用的 C 值

最大允许 温度（℃）	铜	导电率 40% 铜镀钢绞线	导电率 30% 铜镀钢虚绞线	导电率 20% 铜镀钢棒
700	249	167	144	119
800	259	173	150	124
900	268	179	155	128

建议执行支撑标准 DL/T 1680—2016《大型接地网状态评估技术导则》中 D.5 条要求：C——接地线材料的热稳定系数，根据材料的种类、性能及最高允许温度和短路前接地线的初始温度确定，钢质材料取 70，铜质材料取 210。

原因分析：建议执行支撑标准 DL/T 1680—2016《大型接地网状态评估技术导则》中的规定，材料的最大允许温度不易统计，建议对材料的热稳定系数从严要求。

(二) 从标准

1. 部件元件类

部件元件类主要包含变电站接地网降阻材料的技术要求。

变电站接地网降阻材料的电气性能、理化性能等技术参数应执行 DL/T 380—2010《接地降阻材料技术条件》。

2. 原材料类

原材料类主要包含组成接地网本体的材料及连接件的技术要求。

变电站接地网的材料及连接件的规格、性能应执行 DL/T 1342—2014《电气接地工程用材料及连接件》。

3. 现场试验类

接地网现场试验标准主要包括接地网交接试验和运行过程中的例行试验、故障诊断试验类标准。

变电站接地网的交接试验应执行 GB 50150—2016《电气装置安装工程电气设备交接试验标准》。

例行试验和故障诊断试验应执行 Q/GDW 1168—2013《输变电设备状态检修试验规程》。

交接试验、例行试验和故障诊断试验方法应执行 DL/T 475—2017《接地装置特性参数测量导则》。

接地网设备验收、竣工验收等阶段应执行 GB 50169—2016《电气装置安装工程接地装置施工及验收规范》。该标准对接地网设备的检测、评估和整改过程中的工作提出了具体要求。

标准差异化执行意见：

DL/T 475—2017《接地装置特性参数测试导则》第 4.3 条要求：大型接地装置的交接试验应进行各项特性参数的测试，电气完整性测试宜每年进行一次；建议执行从标准 Q/GDW 1168—2013《输变电设备状态检修试验规程》第 5.18.1.1 条要求。接地装置例行试验项目见表 16 - 5。

表 16 - 5   接地装置例行试验项目

例行试验项目	基准周期	要　　求	说明条款
设备接地引下线导通检查	1.220kV 及以上：1 年；2.110（66）kV：3 年；3.35kV 及以下：4 年	变压器、避雷器、避雷针等：≤200mΩ 且导通电阻初值差≤50%（注意值）；一般设备：导通情况良好	见 5.18.1.3
接地网接地阻抗测量	6 年	符合运行要求，且不大于初值的 1.3 倍	见 5.18.1.4

原因分析：考虑到现场的实际情况，如按照 DL/T 475—2017《接地装置特性参数测试导则》中每年都将所有电压等级的变电站电气完整性测试一次，工作量巨大，难以操作，因此建议按 Q/GDW 1168—2013《输变电设备状态检修试验规程》执行。

4. 状态评价类

变电站接地网设备的状态评价应执行 Q/GDW 10611—2017《变电站防雷及接地装置状态评价导则》，变电站接地网的特性参数如接地阻抗、跨步电位差、接触电位差等试验的结果评价应执行该标准。

变电站接地网设备的状态检修应执行 Q/GDW 610—2011《变电站防雷及接地装置状态检修导则》，变电站接地装置的分类情况、检修项目及检修策略应执行该标准。

对于变电站接地网的腐蚀情况评估，应执行 DL/T 1532—2016《接地网腐蚀诊断技术导则》，该标准适用于沿海、酸碱性土壤等地区接地网的运行检修。

第十七章

SVC 技术标准执行指导意见

扫一扫
视频二维码

一、范围

本指导意见包含了 SVC（TCR 型、MCR 型）本体及附属设备的性能参数、技术要求、测试项目及方法、运维检修、现场试验、技术监督等相关技术标准。适用于采用晶闸管技术、应用于 6kV 及以上电力系统中的 TCR 型 SVC 装置，以及采用磁控电抗器技术、应用于 110kV 及以下交流电力系统中的 MCR 型 SVC 装置。本技术标准执行指导意见用于指导国家电网有限公司 SVC 装置的检修、试验和技术监督等工作。

二、标准体系概况

本指导意见针对 SVC 相关国家标准、行业标准、企业标准进行梳理，共梳理各类标准 25 项，其中，主标准 2 项、从标准 15 项、支撑标准 8 项。

（一）主标准

SVC 主标准是 SVC 装置的基本功能、特性要求类标准，包括系统特性要求、主设备功能要求、主设备特性要求、工程研究、型式试验等内容。SVC 主标准共 2 项，标准清单见表 17 - 1。

表 17 - 1　　　　　　　　　　　　SVC 主标准清单

序号	标准号	标准名称
1	GB/T 20298—2006	静止无功补偿装置（SVC）功能特性
2	NB/T 42028—2014	磁控电抗器型高压静止无功补偿装置（MSVC）

1. GB/T 20298—2006《静止无功补偿装置（SVC）功能特性》

本标准规定了采用晶闸管技术的高压静止无功补偿装置的术语和定义、系统特性要求、主设备及附属设备功能特性要求、试验项目等。适用于采用晶闸管技术，应用于中压及以上输配电力系统及工业环境中的 TCR 型 SVC。

2. NB/T 42028—2014《磁控电抗器型高压静止无功补偿装置（MSVC）》

本标准规定了磁控电抗器型高压静止无功补偿装置的术语和定义、型号命名、使用条件、技术性能要求，试验以及标志、包装、运输要求。适用于采用磁控电抗器技术，应用于标称电压 1000V～110kV 及以下交流电力系统中的 MCR 型 SVC。

（二）从标准

SVC 从标准是指 SVC 装置在系统设计、现场试验、运维检修、技术监督等方面应执行的技术标准。SVC 从标准包括以下分类：部件元件类、现场试验类、运维检修类、技术监督类。SVC 从标准共 15 项，从标准清单见表 17‐2。

表 17‐2　　　　　　　　　　　SVC 从标准清单

标准分类	序号	标准号	标准名称
部件元件类	1	DL/T 1010.1—2006	高压静止无功补偿装置　第1部分：系统设计
	2	DL/T 1010.2—2006	高压静止无功补偿装置　第2部分：晶闸管阀试验
	3	DL/T 1010.3—2006	高压静止无功补偿装置　第3部分：控制系统
	4	DL/T 1010.5—2006	高压静止无功补偿装置　第5部分：密闭式水冷却装置
	5	GB/T 11024.1—2010	标称电压 1000V 以上交流电力系统并联电容器　第1部分：总则
	6	GB/T 11024.2—2001	标称电压 1kV 以上交流电力系统并联电容器　第2部分：耐久性试验
	7	GB/T 11024.3—2001	标称电压 1kV 以上交流电力系统并联电容器　第3部分：并联电容器和并联电容器组的保护
	8	GB/T 11024.4—2001	标称电压 1kV 以上交流电力系统并联电容器　第4部分：内部熔丝
	9	GB/T 1094.6—2011	电力变压器　第6部分：电抗器
	10	JB/T 5346—2014	高压并联电容器用串联电抗器
	11	GB 50227—2017	并联电容器装置设计规范
现场试验类	1	DL/T 1010.4—2006	高压静止无功补偿装置　第4部分：现场试验
	2	GB/T 20297—2006	静止无功补偿装置（SVC）现场试验
运维检修类	1	DL/T 1298—2013	静止无功补偿装置运行规程
技术监督类	1	Q/GDW 1177—2015	高压静止无功补偿装置及静止同步补偿装置技术监督导则

（三）支撑标准

SVC 支撑标准是支撑上述主、从标准中相关条款的国家标准、行业标准、企业标准等相关标准。SVC 支撑标准共 8 项，其中，主标准支撑标准 2 项、从标准支撑标准 6 项。SVC 支撑标准清单见表 17-3。

表 17-3　　　　　　　　　　　SVC 支撑标准清单

序号	标准号	标准名称	支撑类别
1	GB/Z 29630—2013	静止无功补偿装置系统设计和应用导则	主标准
2	DL/T 1217—2013	磁控型可控并联电抗器技术规范	主标准
3	GB/T 30841—2014	高压并联电容器装置的通用技术要求	从标准部件元件类
4	GB/T 20995—2007	输配电系统的电力电子技术 静止无功补偿装置用晶闸管阀的试验	从标准部件元件类
5	DL/T 5242—2010	35kV～220kV 变电站无功补偿装置设计技术规定	从标准部件元件类
6	DL/T 5014—2010	330kV～750kV 变电站无功补偿装置设计技术规定	从标准部件元件类
7	Q/GDW 1212—2015	电力系统无功补偿配置技术导则	从标准部件元件类
8	GB/T 29629—2013	静止无功补偿装置水冷却设备	从标准部件元件类

三、标准执行说明

（一）主标准

TCR 型 SVC 装置的使用条件、主辅设备基本功能、特性要求、试验项目、系统连接点电气参数等方面技术要求应执行 GB/T 20298—2006《静止无功补偿装置（SVC）功能特性》。

MCR 型 SVC 装置的使用条件、技术性能要求、试验项目等方面技术要求应执行 NB/T 42028—2014《磁控电抗器型高压静止无功补偿装置（MSVC）》。

标准差异化执行意见：

（1）GB/T 20298—2006《静止无功补偿装置（SVC）功能特性》附录 B 图 B.1（见图 17-1）规定：SVC 控制信号输入限定为参考电压，未列出最终变化范围。建议执行从标准 DL/T 1010.1—2006《高压静止无功补偿装置 第 1 部分：系统设计》中，SVC 控制信号输入限定控制目标参考值，最终变化范围为 ±5%（见图 17-2）。

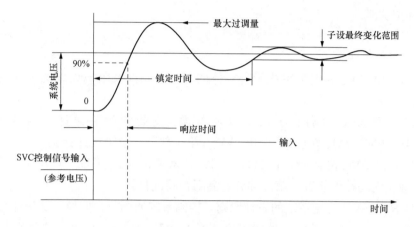

图 17-1 SVC 的响应特性示图

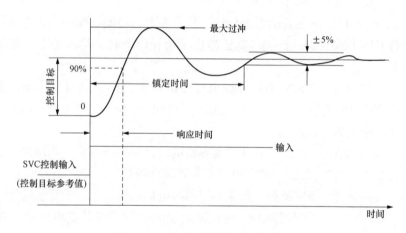

图 17-2 响应时间和镇定时间定义

原因分析：从系统设计的合理化和严格性出发，控制输入信号不限于参考电压，可能包括参考无功。应该给出最终变化范围的规定值，SVC 控制目标多样化也比较合理。

（2）GB/T 20298—2006《静止无功补偿装置（SVC）功能特性》中第 7.4.2 条中规定："电容器组（或滤波器）保护"，包括：1）过电流；2）不平衡；3）过电压；4）低电压；5）低频（可选）。建议执行标准 DL/T 1010.1—2006《高压静止无功补偿装置 第 1 部分：系统设计》中第 9.11.2.3 条："保护要求"：1）过电流；2）电流速断 3）过电压；4）欠电压；5）低频（可选）；6）不平衡；7）闭锁、联切。

原因分析：根据电容器组（或滤波器）保护规程，应增加电流速断和闭锁、

189

联切保护功能。

（二）从标准

1. 部件元件类

部件元件类主要包含组成设备本体的部件、元件及附属设施的设计及技术要求。

TCR 型 SVC 部件、子系统以及布置、安装和相关设计应执行 DL/T 1010.1—2006《高压静止无功补偿装置　第 1 部分：系统设计》。

TCR 型 SVC 晶闸管阀的试验项目、技术要求应执行 DL/T 1010.2—2006《高压静止无功补偿装置　第 2 部分：晶闸管阀试验》。

TCR 型 SVC 控制系统的设计原则，控制系统的调节、监控、保护和触发系统的通用技术条件、功能、性能等应执行 DL/T 1010.3—2006《高压静止无功补偿装置　第 3 部分：控制系统》。

TCR 型 SVC 水冷装置的系统构成、技术参数、功能、保护、工艺及试验要求应执行 DL/T 1010.5—2006《高压静止无功补偿装置　第 5 部分：密闭式水冷却装置》。

SVC（TCR 型、MCR 型）并联电容器的性能、试验项目、定额、安全要求、安装等应执行 GB/T 11024.1—2010《标称电压 1000V 以上交流电力系统并联电容器　第 1 部分：总则》。

SVC（TCR 型、MCR 型）并联电容器的设计、接线方式、入网要求、安装等应执行 GB 50227—2017《并联电容器装置设计规范》。

SVC（TCR 型、MCR 型）并联电容器过电压周期试验、老化试验等应执行 GB/T 11024.2—2001《标称电压 1kV 以上交流电力系统并联电容器　第 2 部分：耐久性试验》。

SVC（TCR 型、MCR 型）具有不平衡继电保护和其他保护装置的电容器组保护应执行 GB/T 11024.3—2001《标称电压 1kV 以上交流电力系统并联电容器　第 3 部分：并联电容器和并联电容器组的保护》。

SVC（TCR 型、MCR 型）电容器组内熔丝的性能和试验要求应执行 GB/T 11024.4—2001《标称电压 1kV 以上交流电力系统并联电容器　第 4 部分：内部熔丝》。

SVC（TCR 型、MCR 型）并联电抗器的性能、试验项目、定额等技术要求应执行 GB/T 1094.6—2011《电力变压器　第 6 部分：电抗器》。

TCR 型 SVC 串联电抗器的使用条件、技术要求、试验方法等应执行 JB/T 5346—2014《高压并联电容器用串联电抗器》。

标准差异化执行意见：

DL/T 1010.1—2006《高压静止无功补偿装置　第 1 部分：系统设计》第 8.3.4 条规定："过电压需要研究的内容如下：

a）雷电和开关操作过电压；

b）母线故障（单相对地、相间和三相）；

c）晶闸管阀故障（包括可能出现的误通）。"

建议执行支撑标准 GB/Z 29630—2013《静止无功补偿装置系统设计和应用导则》第 8.3.4 条："过电压需要研究的内容如下：

a）工频、雷电和操作过电压；

b）母线故障（单相对地、相间和三相短路）；

c）开关重燃（单相或两相）引起的过电压；

d）晶闸管阀故障（包括可能出现的误通）。"

原因分析：SVC 装置中的滤波器支路部分，一方面起到滤除谐波的作用，一方面起到容性无功补偿的作用。分合滤波器支路的开关如果是真空开关，开关截流大、重燃率较高，在操作过程中产生很高的过电压。需要投切的滤波器部分，需要对开关重燃（单相或两相）引起的过电压进行研究，并装设金属氧化物避雷器，作为限制开关重击穿过电压的后备保护装置。故需对开关重燃做出研究。

2. 现场试验类

TCR 型 SVC 的设备子系统试验、系统调试试验和验收试验等应执行 DL/T 1010.4—2006《高压静止无功补偿装置　第 4 部分：现场试验》、GB/T 20297—2006《静止无功补偿装置（SVC）现场试验》。

3. 运维检修类

TCR 型 SVC 设备运行基本要求、运行条件、运行维护、不正常运行和处理应执行 DL/T 1298—2013《静止无功补偿装置运行规程》。

4. 技术监督类

技术监督类主要包含全过程技术监督工作各项要求。

TCR 型 SVC 规划可研、工程设计、设备采购、设备制造、设备验收、运输储存、安装调试、竣工验收、运维检修和退役报废等全过程技术监督应执行 Q/GDW 1177—2015《高压静止无功补偿装置及静止同步补偿装置技术监督导则》。

第十八章

SVG 技术标准执行指导意见

扫一扫
视频二维码

一、范围

本指导意见包含了 SVG 本体及附属设备的性能参数、技术要求、测试项目及方法、运维检修、现场试验、技术监督等相关技术标准，应用于 6kV 及以上电压等级，发电、输电、配电及用电系统中的链式 SVG 装置。用于指导国家电网有限公司系统 6kV 及以上 SVG 装置的检修、试验和技术监督等工作。

二、标准体系概况

本指导意见针对 SVG 相关国家标准、行业标准、企业标准进行梳理，共梳理各类标准 19 项，其中，主标准 4 项、从标准 2 项、支撑标准 13 项。

（一）主标准

SVG 主标准是 SVG 装置的基本功能、特性要求类标准，包括系统特性要求、主设备功能要求、主设备特性要求、工程研究、型式试验等内容。SVG 主标准共 4 项，标准清单见表 18-1。

表 18-1　　　　　　　　　　SVG 主标准清单

序号	标准号	标准名称
1	Q/GDW 1241.1—2014	链式静止同步补偿器　第 1 部分：功能规范导则
2	Q/GDW 1241.2—2014	链式静止同步补偿器　第 2 部分：换流链试验
3	Q/GDW 1241.3—2014	链式静止同步补偿器　第 3 部分：控制保护监测系统
4	Q/GDW 1241.4—2014	链式静止同步补偿器　第 4 部分：现场试验

1. Q/GDW 1241.1—2014《链式静止同步补偿器　第 1 部分：功能规范导则》

本标准规定了链式静止同步补偿器 SVG 的系统组成、主要功能及性能要求、部件及子系统基本要求和系统研究等相关内容，适用于国家电网公司经营范围内输电、配电系统中的链式 SVG 工程的功能设计。

2. Q/GDW 1241.2—2014《链式静止同步补偿器 第 2 部分：换流链试验》

本标准规定了链式静止同步补偿器换流链的术语、试验目的、试验项目、试验条件、试验方法及其要求等。目的在于检验换流链的绝缘强度、电气特性和其他运行特性，使其能够长期安全可靠地运行。适用于国家电网公司经营范围内输电、配电系统中的链式 SVG 的型式试验和出厂试验。

3. Q/GDW 1241.3—2014《链式静止同步补偿器 第 3 部分：控制保护监测系统》

本标准规定了链式静止同步补偿器 SVG 控制保护监测系统的通用技术要求、功能及性能要求、试验方法、检验规则、标志及资料附件、包装、运输、存储等相关内容。本标准主要针对采用纯水冷却方式的链式 SVG，采用其他冷却方式时，可参照执行。

4. Q/GDW 1241.4—2014《链式静止同步补偿器 第 4 部分：现场试验》

本标准规定了链式静止同步补偿器 SVG 及其辅助设备在现场安装中和安装后的试验和验收。对现场进行的交接、验收试验和带电试运行等试验项目和内容做了原则规定，分为设备单体调试试验、子系统试验、系统调试试验和验收试验四个部分。适用于国家电网有限公司经营范围内输电、配电系统中的链式 SVG 工程。

（二）从标准

SVG 从标准是指 SVG 装置在运维检修、技术监督等方面应执行的技术标准。SVG 从标准包括以下分类：运维检修类、技术监督类。SVG 从标准共 2 项，标准清单见表 18-2。

表 18-2 SVG 从标准清单

标准分类	序号	标准号	标准名称
运维检修类	1	Q/GDW 1241.5—2014	链式静止同步补偿器 第 5 部分：运行维护规范
技术监督类	1	Q/GDW 1177—2015	高压静止无功补偿装置及静止同步补偿装置技术监督导则

（三）支撑标准

SVG 支撑标准是支撑上述主标准、从标准中相关条款的国家标准、行业标准、企业标准等相关标准。SVG 支撑标准共 13 项，其中，主标准的支撑标准 12 项、从标准的支撑标准 1 项。标准清单见表 18-3。

表 18 - 3　　　　　　　　　　　SVG 设备支撑标准清单

序号	标准号	标准名称	支撑类别
1	NB/T 42043—2014	高压静止同步补偿装置	主标准
2	DL/T 1215.1—2013	链式静止同步补偿器　第1部分：功能规范导则	主标准
3	DL/T 1215.2—2013	链式静止同步补偿器　第2部分：换流链的试验	主标准
4	DL/T 1215.3—2013	链式静止同步补偿器　第3部分：控制保护监测系统	主标准
5	DL/T 1215.4—2013	链式静止同步补偿器　第4部分：现场试验	主标准
6	GB/T 12325—2008	电能质量　供电电压偏差	主标准
7	GB/T 15543—2008	电能质量　三相电压不平衡	主标准
8	GB/T 17702—2013	电力电子电容器	主标准
9	DL/T 5242—2010	35kV～220kV 变电站无功补偿装置设计技术规定	主标准
10	DL/T 5014—2010	330kV～750kV 变电站无功补偿装置设计技术规定	主标准
11	DL/T 478—2013	继电保护和安全自动装置通用技术条件	主标准
12	Q/GDW 1212—2015	电力系统无功补偿配置技术原则	主标准
13	DL/T 1215.5—2013	链式静止同步补偿器　第5部分：运行检修导则	从标准运维检修类

三、标准执行说明

(一) 主标准

链式静止同步补偿器 SVG 的系统组成、主要功能及性能要求、部件及子系统基本要求和系统研究等相关内容应执行 Q/GDW 1215.1—2014《链式静止同步补偿器　第1部分：功能规范导则》。

链式静止同步补偿器换流链的术语、试验目的、试验项目、试验条件、试验方法应执行 Q/GDW 1215.2—2014《链式静止同步补偿器　第2部分：换流链试验》。

链式静止同步补偿器 SVG 控制保护监测系统的通用技术要求、功能及性能要求、试验方法、检验规则、标志及资料附件、包装、运输、存储等相关内容应执行 Q/GDW 1215.3—2014《链式静止同步补偿器　第3部分：控制保护监测系统》。

链式静止同步补偿器 SVG 及其辅助设备在现场安装中和安装后的试验和验

收应执行 Q/GDW 1215.4—2014《链式静止同步补偿器　第 4 部分：现场试验》。

标准差异化执行意见：

（1）Q/GDW 1241.1—2014《链式静止同步补偿器　第 1 部分：功能规范》第 6.2 条规定："阶跃响应时间为 5～50ms，镇定时间小于阶跃响应时间加 40ms。"建议执行支撑标准 NB/T 42043—2014《高压静止同步补偿装置》第 7.8.2 条："装置在 7.7 规定的正常运行模式下，阶跃响应时间不大于 20ms，稳定时间不大于 40ms。装置在并网点电压骤升、骤降补偿模式下，阶跃响应时间不大于 10ms，稳定时间不大于 30ms。"

原因分析：按照正常运行模式和并网点电压骤升、骤降补偿模式两种工况分别提出了阶跃响应时间和镇定时间，指标为具体值，更加合理、易于执行。

（2）Q/GDW 1241.1—2014《链式静止同步补偿器　第 1 部分：功能规范》第 6.2 条规定："通常 1.1 倍过载应能连续运行，1.2 倍过载运行时间不低于 2s，超出上述过载能力时，装置应具备可靠的保护。"建议执行支撑标准 NB/T 42043—2014《高压静止同步补偿装置》第 7.8.4 条："装置在 1.1 倍额定电流下应能长期运行，在 1.2 倍额定电流下运行时间不低于 30s。"

原因分析：过载能力，即设备超过额定限值以后能够承受的值的范围。SVG 具备 1.1 倍长期过载及 1.2 倍短时过载的能力。两个标准对 1.2 倍过载时间要求分别为 2s，30s。过载时间越长，装置的性能要求越高，适应现场工况的能力越强。

（二）从标准

1. 运维检修类

SVG 设备运行、故障处理、检修应执行 Q/GDW 1241.5—2014《链式静止同步补偿器　第 5 部分：运行维护规范》。

2. 技术监督类

SVG 规划可研、工程设计、设备采购、设备制造、设备验收、运输储存、安装调试、竣工验收、运维检修和退役报废等全过程技术监督应执行 Q/GDW 1177—2015《高压静止无功补偿装置及静止同步补偿装置技术监督导则》。

扫一扫
视频二维码

第十九章

电能质量技术标准执行指导意见

一、范围

本指导意见包含了电能质量相关设备的性能参数、技术要求、试验项目及方法、运维检修、技术监督等相关技术标准。用于指导国家电网有限公司系统电能质量监测、测试、评估和技术监督等工作。

二、标准体系概况

本指导意见针对电能质量相关国家标准、行业标准、企业标准进行梳理，共梳理各类标准 18 项，其中，主标准 2 项、从标准 6 项、支撑标准 10 项。

（一）主标准

电能质量主标准是电能质量相关设备的技术规范、技术条件类标准，包括设备分类、使用条件、技术要求、包装、运输等内容。电能质量主标准共 2 项，标准清单见表 19-1。

表 19-1　　　　　　　　　　电能质量主标准清单

序号	标准号	标准名称
1	Q/GDW 1819—2019	电压监测仪技术规范
2	Q/GDW 1650.2—2017	电能质量监测技术规范　第 2 部分：电能质量监测装置

1. Q/GDW 1819—2019《电压监测仪技术规范》

本标准规定了电压监测仪的术语和定义、使用条件、分类和命名、功能要求、结构与性能要求、标志、包装、运输和储存要求、网络通信规范和接口接线规范等。本标准适用于电压监测仪的设计、制造、采购和试验。其他具有电压监测功能的自动化终端或装置可参照本标准执行。

2. Q/GDW 1650.2—2017《电能质量监测技术规范　第 2 部分：电能质量监测装置》

本标准规定了电能质量监测装置的分类、技术要求、标志、包装运输和贮存等。本标准适用于对交流电力系统电能质量进行监测的固定式监测装置和便携式监测装置。

（二）从标准

电能质量从标准是指电能质量相关设备在现场试验、运维检修、技术监督等方面应执行的技术标准。电能质量从标准包括以下分类：现场试验类、运维检修类、技术监督类。电能质量从标准共 6 项，标准清单见表 19‑2。

表 19‑2 电能质量从标准清单

标准分类	序号	标准号	标准名称
现场试验类	1	Q/GDW 1817—2019	电压监测仪检验规范
	2	Q/GDW 1650.4—2016	电能质量监测技术规范 第 4 部分：电能质量监测终端检验
	3	GB/T 19862—2016	电能质量监测设备通用要求
	4	DL/T 1368—2014	电能质量标准源校准规范
运维检修类	1	DL/T 1228—2013	电能质量监测装置运行规程
技术监督类	1	DL/T 1053—2017	电能质量技术监督规程

（三）支撑标准

电能质量支撑标准是支撑上述主、从标准中相关条款的国家标准、行业标准、企业标准等相关标准。电能质量支撑标准共 10 项，其中，主标准的支撑标准 0 项、从标准的支撑标准 10 项。电能质量支撑标准清单见表 19‑3。

表 19‑3 电能质量支撑标准清单

序号	标准号	标准名称	支撑类别
1	GB/T 12325—2008	电能质量 供电电压偏差	从标准技术监督类
2	GB/T 12326—2008	电能质量 电压波动和闪变	从标准技术监督类
3	GB/T 14549—1993	电能质量 公用电网谐波	从标准技术监督类
4	GB/T 15543—2008	电能质量 三相电压不平衡	从标准技术监督类
5	GB/T 15945—2008	电能质量 电力系统频率偏差	从标准技术监督类
6	GB/T 24337—2009	电能质量 公用电网间谐波	从标准技术监督类
7	GB/T 30137—2013	电能质量 电压暂降与短时中断	从标准技术监督类
8	GB/T 18481—2001	电能质量 暂时过电压和瞬态过电压	从标准技术监督类
9	Q/GDW 10651—2015	电能质量评估技术导则	从标准技术监督类
10	Q/GDW 1818—2013	电压暂降与短时中断评价方法	从标准技术监督类

三、标准执行说明

(一) 主标准

电压监测仪的术语和定义、使用条件、分类和命名、功能要求、结构与性能要求、标志、包装、运输和贮存要求、网络通信规范和接口接线规范等应执行 Q/GDW 1819—2019《电压监测仪技术规范》。

电能质量监测装置的分类、技术要求、标志、包装运输和储存等应执行 Q/GDW 1650.2—2017《电能质量监测技术规范　第 2 部分：电能质量监测装置》。

(二) 从标准

1. 现场试验类

现场试验类主要包括电能质量设备性能检测、出厂试验、验收检验等检测试验相关标准。

电压监测仪的检验应执行 Q/GDW 1817—2019《电压监测仪检验规范》。

固定式电能质量监测装置的检验应执行 Q/GDW 1650.4—2016《电能质量监测技术规范　第 4 部分：电能质量监测终端检验》。

便携式电能质量监测装置的检验应执行 GB/T 19862—2016《电能质量监测设备通用要求》。

电能质量标准源的校准应执行 DL/T 1368—2014《电能质量标准源校准规范》。

2. 运维检修类

运维检修类主要包括电能质量设备运行的基本要求、运行条件、运行维护和处理等相关标准。

电能质量监测装置的安装、投运、使用、维护、巡视、异常处理等应执行 DL/T 1228—2013《电能质量监测装置运行规程》。

3. 技术监督类

技术监督类主要包括电能质量可研规划、工程设计、设备采购、设备制造、设备验收、运输储存、安装调试、竣工验收、运维检修和退役报废等全过程技术监督相关标准。

电能质量技术监督应执行 DL/T 1053—2017《电能质量技术监督规程》。该标准对电能质量技术监督的任务、方法和技术管理提出了具体要求。

第二十章

直流电源技术标准执行指导意见

扫一扫
视频二维码

一、范围

本指导意见包含了直流电源本体及附属设备的性能参数、技术要求、测试项目及方法、运维检修、现场试验、状态评价、技术监督等相关技术标准，适用于 35～1000kV 直流和交直流一体化电源系统，用于指导国家电网有限公司系统 35kV 及以上直流电源设备的检修、试验和技术监督等工作。

二、标准体系概况

本指导意见针对直流电源相关国家标准、行业标准、企业标准进行梳理，共梳理各类标准 34 项，其中，主标准 4 项、从标准 18 项、支撑标准 12 项。

（一）主标准

直流电源主标准是直流电源设备的技术规范、技术条件类标准，包括设备技术要求、结构与元器件、型式试验/出厂试验项目及要求等内容。直流电源主标准共 4 项，标准清单见表 20-1。

表 20-1　　　　　　　　　　　直流电源主标准清单

序号	标准号	标准名称
1	DL/T 459—2017	电力系统直流电源柜订货技术条件
2	GB/T 19826—2014	电力工程直流电源设备通用技术条件及安全要求
3	DL/T 1074—2007	电力用直流和交流一体化不间断电源设备
4	Q/GDW 576—2010	站用交直流一体化电源系统技术规范

1. DL/T 459—2017《电力系统直流电源柜订货技术条件》

标准规定了电力用直流电源设备技术要求、检验规则和试验方法、标志、包装、运输和贮存等方面的要求。适用于发电厂、变（配）电所和其他电力用直流电源设备的设计、制造、选择、订货和试验。

2. GB/T 19826—2014《电力工程直流电源设备通用技术条件及安全要求》

标准规定了电力工程用直流电源设备、一体化电源设备的通用技术条件和安全要求，以及试验方法、检验规则、标志、包装、运输和贮存等方面的要求。适用于电力工程中的直流、一体化电源设备，并作为产品设计、制造、检验和使用的依据。

3. DL/T 1074—2007《电力用直流和交流一体化不间断电源设备》

标准规定了电力用直流和交流一体化不间断电源设备的型号和额定值、技术要求、检验规则和试验方法、标志、包装、运输和储存等的要求。本标准适用于发电厂、变（配）电所和其他电力工程直流和交流一体化不间断电源设备的设计、制造、选择、订货和试验，也适用于电力用交流不间断电源、电力用逆变电源、小型变电站的通信用直流变换电源的设计、制造、选择、订货和试验。

4. Q/GDW 576—2010《站用交直流一体化电源系统技术规范》

标准规定了站用交直流一体化电源系统设备的主要功能、技术要求及技术服务等内容，适用于国家电网有限公司交流 110（66）～750kV 变电站新建工程，其他扩建、改建工程可参照执行。

（二）从标准

直流电源从标准是指直流电源设备在运维检修、现场试验、状态评价、技术监督等方面应执行的技术标准。直流电源从标准包括以下分类：部件元件类、运维检修类、现场试验类、状态评价类、技术监督类。直流电源从标准共 18 项，标准清单见表 20‑2。

表 20‑2　　　　　　　　　直流电源从标准清单

标准分类	序号	标准号	标准名称
部件元件类	1	DL/T 637—1997	阀控式密封铅酸蓄电池订货技术条件
	2	DL/T 1392—2014	直流电源系统绝缘监测装置技术条件
	3	DL/T 856—2018	电力用直流电源和一体化电源监控装置
	4	DL/T 857—2004	发电厂、变电所蓄电池用整流逆变设备技术条件
	5	DL/T 1397.1—2014	电力直流电源系统用测试设备通用技术条件 第1部分：蓄电池电压巡检仪
	6	DL/T 1397.2—2014	电力直流电源系统用测试设备通用技术条件 第2部分：蓄电池容量放电测试仪
	7	DL/T 1397.3—2014	电力直流电源系统用测试设备通用技术条件 第3部分：充电装置特性测试系统

标准分类	序号	标准号	标准名称
部件元件类	8	DL/T 1397.4—2014	电力直流电源系统用测试设备通用技术条件 第4部分：直流断路器动作特性测试系统
	9	DL/T 1397.5—2014	电力直流电源系统用测试设备通用技术条件 第5部分：蓄电池内阻测试仪
	10	DL/T 1397.6—2014	电力直流电源系统用测试设备通用技术条件 第6部分：便携式接地巡测仪
	11	DL/T 1397.7—2014	电力直流电源系统用测试设备通用技术条件 第7部分：蓄电池单体活化仪
运维检修类	1	DL/T 724—2000	电力系统用蓄电池直流电源装置运行与维护技术规程
现场试验类	1	Q/GDW 753.4—2012	智能设备交接验收规范 第4部分：站用交直流一体化电源
	2	GB 50172—2012	电气装置安装工程蓄电池施工及验收规范
	3	Q/GDW 11651.24—2017	变电站设备验收规范 第24部分：站用直流电源系统
状态评价类	1	Q/GDW 606—2011	变电站直流系统状态检修导则
	2	Q/GDW 607—2011	变电站直流系统状态评价导则
技术监督类	1	Q/GDW 11078—2013	直流电源系统技术监督导则

（三）支撑标准

直流电源支撑标准是支撑上述主标准、从标准中相关条款的国家标准、行业标准、企业标准等相关标准。直流电源支撑标准共12项，其中，主标准的支撑标准1项、从标准的支撑标准11项。直流电源支撑标准清单见表20-3。

表20-3　　　　　　　　直流电源设备支撑标准清单

序号	标准号	标准名称	支撑类别
1	Q/GDW 11310—2014	变电站直流电源系统技术标准	主标准
2	GB/T 19638.1—2014	固定型阀控式铅酸蓄电池 第1部分：技术条件	从标准部件元件类
3	GB/T 19638.2—2014	固定型阀控式铅酸蓄电池 第2部分：产品品种和规格	从标准部件元件类
4	Q/GDW 1969—2013	变电站直流系统绝缘监测装置技术规范	从标准部件元件类

序号	标准号	标准名称	支撑类别
5	DL/T 781—2001	电力用高频开关整流模块	从标准部件元件类
6	Q/GDW 1901.1—2013	电力直流电源系统用测试设备通用技术条件 第1部分：蓄电池电压巡检仪	从标准部件元件类
7	Q/GDW 1901.2—2013	电力直流电源系统用测试设备通用技术条件 第2部分：蓄电池容量放电测试仪	从标准部件元件类
8	Q/GDW 1901.3—2013	电力直流电源系统用测试设备通用技术条件 第3部分：充电装置特性测试系统	从标准部件元件类
9	Q/GDW 1901.4—2013	电力直流电源系统用测试设备通用技术条件 第4部分：直流断路器动作特性测试	从标准部件元件类
10	Q/GDW 1901.5—2013	电力直流电源系统用测试设备通用技术条件 第5部分：蓄电池内阻测试仪	从标准部件元件类
11	Q/GDW 1901.6—2013	电力直流电源系统用测试设备通用技术条件 第6部分：便携式接地巡测仪	从标准部件元件类
12	Q/GDW 1901.7—2013	电力直流电源系统用测试设备通用技术条件 第7部分：蓄电池单体活化仪	从标准部件元件类

三、标准执行说明

（一）主标准

各电压等级变电站和其他电力用直流电源设备的元器件结构、设备选型、技术参数和检验试验（出厂试验和型式试验）等应执行 DL/T 459—2017《电力系统直流电源柜订货技术条件》。

电力工程用交直流一体化电源设备的通用技术条件和安全要求，以及试验方法、检验规则、标志、包装、运输和储存等方面的要求应执行 GB/T 19826—2014《电力工程直流电源设备通用技术条件及安全要求》。

电力用直流和交流一体化不间断电源设备的型号和额定值、技术要求、检验规则和试验方法、标志、包装、运输和贮存等的要求应执行 DL/T 1074—2007《电力用直流和交流一体化不间断电源设备》。

交流 110（66）～750kV 变电站新建工程，其他扩建、改建工程站用交直流一体化电源系统设备的主要功能、技术要求及技术服务等可参照执行 Q/GDW 576—

2010《站用交直流一体化电源系统技术规范》。

标准差异化执行意见：

（1）DL/T 459—2017《电力系统直流电源柜订货技术条件》第 5.7 条款规定："设备柜体外壳防护等级应不低于 GB 4208—2008 中 IP20 的规定。"建议执行 Q/GDW 11310—2014《变电站直流电源系统技术标准》中的第 5.2.1.5 条："电源设备柜体外壳防护等级应不低于 GB4208 中 IP20 的规定，户内安装的馈（分）电屏（柜）外壳防护等级应不低于 IP50，户外安装的馈（分）电屏（柜）外壳防护等级应不低于 IP55。"

原因分析：考虑到直流电源屏柜的承重强度（包括蓄电池屏）、抗挤压能力等因素，建议电源设备柜体外壳防护等级采用"户内安装的馈（分）电屏（柜）外壳防护等级应不低于 IP50，户外安装的馈（分）电屏（柜）外壳防护等级应不低于 IP55 的要求"。

（2）DL/T 637—1997《阀控式密封铅酸蓄电池订货技术条件》第 6.7 条规定："蓄电池组按 6.7 的规定方法试验，10h 率容量应在第一次循环不低于 0.95C10，第 5 次循环应达到 C10，放电终止电压应符合表 2 规定。"建议执行 DL/T 724—2000《电力系统用蓄电池直流电源装置运行与维护技术规程》第 5.3.3 款规定："c）阀控蓄电池组容量试验。阀控蓄电池组的恒流限压充电电流和恒流放电电流均为 110，额定电压为 2V 的蓄电池，放电终止电压为 1.8V；额定电压为 12V 的组合蓄电池，放电终止电压为 10.5V。只要其中一个蓄电池放到了终止电压，就应停止放电。在三次充放电循环之内，若达不到额定容量值的 100%，此组蓄电池为不合格。"

原因分析：DL/T 724—2000《电力系统用蓄电池直流电源装置运行与维护技术规程》对阀控铅酸蓄电池容量试验的要求较详细且便于执行，对蓄电池不合格的判据依据更加合理，因此建议执行 DL/T 724—2000《电力系统用蓄电池直流电源装置运行与维护技术规程》的要求。

（二）从标准

1. 部件元件类

部件元件类主要包含组成设备本体的部件、元件及附属设施的技术要求。

直流电源中的阀控铅酸蓄电池的结构、外观和各项技术要求、试验方法等应执行 DL/T 637—1997《阀控式密封铅酸蓄电池订货技术条件》。

直流电源中绝缘监测装置的技术要求、安全要求、试验方法和检验规则等应执行 DL/T 1392—2014《直流电源系统绝缘监测装置技术条件》。

直流电源中充电装置监控器的技术要求应执行 DL/T 856—2018《电力用直流电源和一体化电源监控装置》，建议绝缘监测装置和蓄电池监控装置执行相应各自的标准。

直流电源中充电装置的技术要求、试验方法应执行 DL/T 781—2001《电力用高频开关整流模块》。

直流电源蓄电池电压在线式和离线式巡检仪技术要求应执行 DL/T 1397.1—2014《电力直流电源系统用测试设备通用技术条件　第 1 部分：蓄电池电压巡检仪》。

直流电源蓄电池容量测试仪器技术要求应执行 DL/T 1397.2—2014《电力直流电源系统用测试设备通用技术条件　第 2 部分：蓄电池容量放电测试仪》。

直流电源充电装置稳压精度、纹波系数和稳流精度等技术参数的测试方法和技术要求应执行 DL/T 1397.3—2014《电力直流电源系统用测试设备通用技术条件　第 3 部分：充电装置特性测试系统》。

直流电源各级直流断路器的配置要求和动作特性要求应执行 DL/T 1397.4—2014《电力直流电源系统用测试设备通用技术条件　第 4 部分：直流断路器动作特性测试系统》。

直流电源中蓄电池内阻离线式测试仪器技术要求应执行 DL/T 1397.5—2014《电力直流电源系统用测试设备通用技术条件　第 5 部分：蓄电池内阻测试仪》。

直流电源系统接地故障查找仪器的技术要求应执行 DL/T 1397.6—2014《电力直流电源系统用测试设备通用技术条件　第 6 部分：便携式接地巡测仪》。

直流电源蓄电池单体活化仪器的技术要求应执行 DL/T 1397.7—2014《电力直流电源系统用测试设备通用技术条件　第 7 部分：蓄电池单体活化仪》。

2. 运维检修类

电力系统用蓄电池直流电源装置包括蓄电池、充电装置、微机监控器等的技术指标、交接验收和运行维护等应执行 DL/T 724—2000《电力系统用蓄电池直流电源装置运行与维护技术规程》。

标准差异化执行意见：

DL/T 724—2000《电力系统用蓄电池直流电源装置运行与维护技术规程》第 6.3.3 条："（c）新安装的阀控密封蓄电池组，应进行全核对性放电试验。以后每 2～3 年应进行一次核对性放电，运行了六年以后应每年进行一次核对性放电。"建议执行《国家电网公司十八项电网重大反事故措施》（2012 修订版）第 5.1.2.8 条："新安装的阀控密封蓄电池组，应进行全核对性放电试验。以后每两年应进行一次核对性放电，运行了四年以后应每年进行一次核对性放电。"

原因分析：两个标准对蓄电池核对性放电试验周期要求不同。蓄电池核对性放电试验用于对蓄电池容量进行定期测试，验证其容量是否满足要求，并起到对蓄电池组深度活化作用，是验证蓄电池健康状况的最直接、有效的手段。目前蓄电池随着中标价格的降低质量出现明显下降趋势，蓄电池有效寿命平均为 5～6 年，因此缩短蓄电池核对性放电周期对及时发现蓄电池故障，有效活化蓄电池具有良好的作用。因此建议蓄电池核对性放电试验周期采用《国家电网公司十八项电网重大反事故措施》（2012 修订版）第 5.1.2.8 款：新安装的阀控密封蓄电池组，应进行全核对性放电试验。以后每两年应进行一次核对性放电，运行了四年以后应每年进行一次核对性放电。

3. 现场试验类

变电站交直流一体化电源的交接验收的通用要求应执行 Q/GDW 753.4—2012《智能设备交接验收规范　第 4 部分：站用交直流一体化电源》。

直流电源蓄电池和蓄电池室的施工和验收应执行 GB 50172—2012《电气装置安装工程蓄电池施工及验收规范》。

直流电源设备的到货验收、出厂验收和竣工验收等应执行 Q/GDW 11651.24—2017《变电站设备验收规范　第 24 部分：站用直流电源系统》。

4. 状态评价类

直流电源系统（蓄电池、充电装置、馈电及网络、监测单元等设备）的检修分类和检修策略应执行 Q/GDW 606—2011《变电站直流系统状态检修导则》。

直流电源系统（蓄电池、充电装置、馈电及网络、监测单元等设备）的状态评价量构成、状态评价标准等应执行 Q/GDW 607—2011《变电站直流系统状态评价导则》。

5. 技术监督类

直流电源可研规划、工程设计、设备采购、设备制造、设备验收、运输储存、安装调试、竣工验收、运维检修和退役报废等全过程技术监督应执行 Q/GDW 11078—2013《直流电源系统技术监督导则》。该标准对设备的监督预警告警和整改的过程监督工作提出了具体要求。

标准差异化执行意见：

Q/GDW 11078—2013《直流电源系统技术监督导则》第 5.4.2.8 条规定："蓄电池出口保护电器应采用具有熔断器特性的直流断路器，系统各级保护电器严禁采用交流断路器，直流断路器下级严禁装设熔断器"。建议执行 DL/T 5044—2014《电力工程直流电源系统设计技术规程》第 5.1.2 条第 1 款："蓄电池出口回路宜采用熔断器，也可采用具有选择性保护的直流断路器。"

原因分析：目前直流电源蓄电池出口保护电器主要采用熔断器，熔断器具有全程反时限特性，易于与下级断路器实现选择性保护等优点，但是熔断器存在熔体老化现象，受环境温度和湿度的影响较大，具有熔断时间分散性大、防护等级低等缺点。近年采用具有熔断器特性的直流断路器做蓄电池出口保护电器得到了一定应用，但目前直流断路器用于蓄电池出口运行经验相对欠缺，因此建议采用 DL/T 5044—2014《电力工程直流电源系统设计技术规程》中的规定，蓄电池出口回路宜采用熔断器，也可采用具有选择性保护的直流断路器。

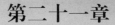

第二十一章

不停电作业装备技术标准执行指导意见
（输变电部分）

扫一扫
视频二维码

一、范围

本指导意见包含了不停电作业装备（输变电部分）的性能参数、技术要求、测试项目及方法、运维检修、现场试验、状态评价、技术监督等相关技术标准。适用于不停电作业装备。用于指导国家电网公司系统不停电作业装备的检修、试验和技术监督等工作。

二、标准体系概况

本指导意见针对不停电作业装备相关国家标准、行业标准、企业标准进行梳理，共梳理有关输变电带电作业各类标准54项，分类形成主标准26项、从标准5项、支撑标准21项。

（一）主标准

不停电作业装备主标准是不停电作业装备设备的技术规范、技术条件类标准，包括设备额定参数值、设计与结构、型式试验/出厂试验项目及要求等内容。不停电作业装备主标准共26项，标准清单见表21-1（GB/T 18037—2008《带电作业工具基本技术要求与设计导则》同时应用于绝缘工具类和防护用具类，因此表21-1主标准共27项）。

表 21 - 1　　　　　　　　　不停电作业装备设备主标准清单

序号	专业及分类	标准编号	标准名称
1	专业管理类	DL/T 966—2005	送电线路带电作业技术导则
2		Q/GDW 1799.1—2013	电力安全工作规程（变电部分）
3		Q/GDW 1799.2—2013	电力安全工作规程（线路部分）
4	作业车辆类	GB/T 9465—2008	高空作业车
5		GB/T 25725—2010	带电作业工具专用车
6		GB/T 13395—2008	电力设备带电水冲洗导则

续表

序号	专业及分类	标准编号	标准名称
7	绝缘工具类	GB/T 13034—2008	带电作业用绝缘滑车
8		GB 13398—2008	带电作业用空心绝缘管、泡沫填充绝缘管和实心绝缘棒
9		DL/T 699—2007	带电作业用绝缘托瓶架通用技术条件
10		GB/T 17620—2008	带电作业用绝缘硬梯
11		GB/T 13035—2008	带电作业用绝缘绳索
12		DL/T 463—2006	带电作业用绝缘子卡具
13		GB/T 15632—2008	带电作业用提线工具通用技术条件
14		GB/T 18037—2008	带电作业工具基本技术要求与设计导则
15		DL/T 636—2017	带电作业用导线飞车
16		GB/T 12167—2006	带电作业用铝合金紧线卡线器
17	防护用具类	GB/T 6568—2008	带电作业用屏蔽服装
18	防护用具类	GB/T 18136—2008	交流高压静电防护服装及试验方法
19		GB/T 18037—2008	带电作业工具基本技术要求与设计导则
20	检测工具类	JB/T 9285—1999	钳形电流表
21		DL/T 971—2017	带电作业用便携式核相仪
22		DL/T 845.1—2004	电阻测量装置通用技术条件　第1部分：电子式绝缘电阻表
23		DL/T 626—2015	劣化悬式绝缘子检测规程
24		DL/T 415—2009	带电作业用火花间隙检测装置
25		JJG 843—2007	泄露电流测试仪检定规程
26		JB/T 11258—2011	数字风向风速测量仪
27		JB/T 6862—2014	温湿度计

1. DL/T 966—2005《送电线路带电作业技术导则》

本标准适用于海拔 1000m 及以下 110kV～750kV 送电线路的带电检修和维护作业。规定了作业方式、最小安全作业距离和组合间隙、绝缘工具的最小有效绝缘长度，作业安全措施及工具的试验、保管等。

2. Q/GDW 1799.1—2013《电力安全工作规程（变电部分）》

本标准主要适用于在海拔 1000m 及以下，交流 10～1000kV、直流±500～±800kV（750kV 为海拔 2000m 及以下值）的高压架空电力线路、变电站（发电厂）电气设备上，采用等电位、中间电位和地电位方式进行的带电作业。

3. Q/GDW 1799.2—2013《电力安全工作规程（线路部分）》

本标准主要适用于在海拔 1000m 及以下交流 10～1000kV、直流±500～±800kV（750kV 为海拔 2000m 及以下值）的高压架空电力线路、变电站（发电厂）电气设备上，采用等电位、中间电位和地电位方式进行的带电作业。

4. GB/T 9465—2008《高空作业车》

本标准规定了高空作业车的术语和定义、分类、技术要求、试验方法、检验规则、标志、包装、运输和贮存等。

本标准适用于最大作业高度不大于 100m 的高空作业车。

本标准不适用于高空消防车、高空救援车。

5. GB/T 25725—2010《带电作业工具专用车》

本标准规定了带电作业工具专用车的一般要求、试验方法、检验规则和运输与贮存等。

6. GB/T 13395—2008《电力设备带电水冲洗导则》

本标准规定了带电水冲洗作业时应遵守的技术条件、冲洗方法和安全措施。

本标准适用于海拔 1000m 及以下地区、交流额定电压 10～220kV 电力设备的带电水冲洗作业（不包括固定式水冲洗）。

7. GB/T 13034—2008《带电作业用绝缘滑车》

本标准规定了带电作业用绝缘滑车的要求、试验方法、检验规则和标记。

本标准适用于在高压电气设备上进行带电作业所使用的绝缘滑车。

8. GB 13398—2008《带电作业用空心绝缘管、泡沫填充绝缘管和实心绝缘棒》

本标准规定了带电作业用管、棒类绝缘材料的分类、技术要求、试验方法、检验规则、标志和包装。

本标准适用于标称电压在 1kV 及以上电力系统中，用于制作带电作业工具设备的空心绝缘管、泡沫填充绝缘管、实心绝缘棒（异型管、伸缩管不包括在本标准内），这些绝缘材料是由合成材料制成的。

9. DL/T 699—2007《带电作业用绝缘托瓶架通用技术条件》

本标准规定了带电作业用绝缘托瓶架的分类、技术要求、试验方法、检验规则和标志等。

本标准适用于 110～750kV 交流系统、±500kV 直流系统带电更换绝缘子或绝缘子串用的绝缘托瓶架。

10. GB/T 17620—2008《带电作业用绝缘硬梯》

本标准规定了带电作业用绝缘硬梯的技术要求、试验项目和方法、运输保管等。

本标准适用于10～500kV线路带电作业用绝缘硬梯。

11. GB/T 13035—2008《带电作业用绝缘绳索》

本标准规定了带电作业用绝缘绳索的分类、材料、技术要求、试验方法、检验规则、保管、贮存和运输等。

本标准适用于在交、直流各电压等级的电气设备上进行带电作业的绝缘绳索材料。

12. DL/T 463—2006《带电作业用绝缘子卡具》

本标准规定了带电作业或停电更换绝缘子卡具的型式、规格、技术要求、试验方法、检验规则及标志和包装。

本标准适用于交流750kV及以下电压等级输电线路和±500kV直流输电线路绝缘子卡具。

13. GB/T 15632—2008《带电作业用提线工具通用技术条件》

本标准规定了带电作业提线工具的分类、技术要求、试验方法、试验规则和标志等。

本标准适用于交流110～750kV和直流±500kV线路带电更换直流绝缘子串的提线工具。

14. GB/T 18037—2008《带电作业工具基本技术要求与设计导则》

本标准规定了交流10～750kV、直流±500kV带电作业工具应具备的基本技术要求，提出了工具的设计、验算、保管、检验等方面的技术规范及指导原则。

15. DL/T 636—2017《带电作业用导线飞车》

本标准规定了脚踏车式500kV四分裂导线飞车的型式、性能、技术要求、试验和检验规则等。

本标准适用于500kV四分裂导线（包括交、直流500kV线路）进行带电作业、维修和安装用的导线飞车，不适用于机动和其他类型的飞车。

16. GB/T 12167—2006《带电作业用铝合金紧线卡线器》

本标准规定了带电作业用铝合金紧线卡线器的型号规格、技术要求、试验方法、检验规则和标志包装。

本标准适用于架空电力线路上松紧导线作业时所使用的铝合金紧线卡线器。本标准不适用于架空绝缘导线相关作业所使用的紧线卡线器。

17. GB/T 6568—2008《带电作业用屏蔽服装》

本标准规定了带电作业用屏蔽服装分类、技术要求、试验方法、检验规则以及标志和包装。

本标准适用于在交流110（66）～750kV、直流±500kV及以下电压等级的电气设备上进行带电作业时，作业人员所穿戴的屏蔽服装。整套屏蔽服装包括上衣、裤子、手套、短袜、鞋子和面罩。

18. GB/T 18136—2008《交流高压静电防护服装及试验方法》

本标准规定了交流高压静电防护服装的技术要求、试验方法及检验规则。

本标准适用于额定电压 110（66）～750kV 的交流输电线路和变电站巡视及地电位作业人员所穿戴的交流高压静电防护服装。

按本标准制成的交流高压静电防护服装不得作为等电位屏蔽服装使用。

19. JB/T 9285—1999《钳形电流表》

本标准规定了钳形电流表的定义、分类、要求、试验方法、检验规则、标志、包装、运输和贮存。

本标准适用于一般工业用、网络电压不超过 650V，工作频率为 45～65Hz 具有钳形电流互感器装置，模拟显示，用以测量交直流电流的钳形表和钳形电流互感器附件。

本标准也适用于多功能钳形表，如带有电子测量装置用于测量功率、功率因数、相位等电量的多功能钳形表，其相应功能要求应符合 GB/T 7676.1 的相应要求。

20. DL/T 971—2017《带电作业用便携式核相仪》

本标准规定了带电作业用核相仪的要求、试验、质量计划、标志等。

本标准适用于带电源或不带电源的用于电力系统的便携式核相仪，其电压范围为交流 1～35kV。

本标准还适用于具有带引线的双杆型核相仪，无引线的双杆型核相仪和带存储系统的单杆核相仪，以及只要与被测试部分相接触，整体结构或者与绝缘杆分离的核相仪。

本标准不包括用于电压探测和相位比较的核相装置。

21. DL/T 845.1—2004《电阻测量装置通用技术条件　第 1 部分：电子式绝缘电阻表》

DL/T 845 的本部分规定了电子式绝缘电阻表（简称绝缘表）的术语和定义、分类、技术要求、试验方法、检验规则和标志、包装、运输、贮存。

本部分适用于在额定值不超过 10kV 的直流电压作用下，用电子方式测量并直接显示所测绝缘电阻值的电子式绝缘电阻表。

22. DL/T 626—2015《劣化悬式绝缘子检测规程》

本标准规定了交流、直流电力系统用悬式绝缘子在安装、运行中进行检测的一般技术要求、检测方法及判定准则。

本标准适用于标称电压高于 1000V 的交流、直流架空电力线路、发电厂、变电站及换流站用盘形悬式瓷、玻璃绝缘子和棒形悬式复合绝缘子。

23. DL/T 415—2009《带电作业用火花间隙检测装置》

本标准规定了带电检测盘形悬式绝缘子的火花间隙检测装置的型式、技术要求、试验方法、检验规则、标志、包装和储存等。

本标准适用于带电检测 63~500kV 的发电厂、变电所和输电线路用盘形悬式绝缘子串零值或低值绝缘子的可调式固定火花间隙检测装置，同时也适用根据需要增加蜂鸣器功能的可调式固定火花间隙检测装置。

24. JJG 843—2007《泄漏电流测试仪检定规程》

本规程适用于交直流泄漏电流测试仪（或测量仪）、安全性能综合试验装置中泄漏电流测试部分的首次检定、后续检定和使用中检验。

25. JB/T 11258—2011《数字风向风速测量仪》

本标准规定了数字风向风速测量仪（简称数字测风仪）的技术要求、检验方法和检验规则等。

本标准适用于自动测量和数字输出方式的地面测风系列产品的研制、生产和验收等。

26. JB/T 6862—2014《温湿度计》

本标准规定了温湿度计的产品分类、技术要求、试验方法、检验规则以及标志、包装、运输和贮存。

本标准适用于日记型、周记型、温湿度计。

（二）从标准

不停电作业装备从标准是指不停电作业装备在工具试验、车辆试验、仪表检定等方面应执行的技术标准。不停电作业装备从标准共 5 项，标准清单见表 21 - 2。

表 21 - 2　　　　　　　　不停电作业装备从标准清单

标准分类	序号	标准号	标准名称
工具试验类	1	DL/T 878—2004	带电作业用绝缘工具试验导则
	2	DL/T 976—2017	带电作业工具、装置和设备预防性试验规程
仪表检定类	1	JJG 205—2005	机械式温湿度计检定规程
车辆试验类	1	GB/T 1332—1991	载货汽车定型试验规程
	2	DL/T 854—2017	带电作业用绝缘斗臂车使用导则

（三）支撑标准

不停电作业装备支撑标准是支撑上述主标准、从标准中相关条款的国标、行标、企标等相关标准。不停电作业装备支撑标准共 21 项。不停电作业装备支撑标准清单见表 21-3（DL/T 877—2004《带电作业工具、装置和设备使用的一般要求》同时应用于绝缘工具类、金属工具类、防护用具类和检测工具类；GB 13398—2008《带电作业用空心绝缘管、泡沫填充绝缘管和实心绝缘棒》同时应用于绝缘工具类和防护用具类；GB/T 18037—2008《带电作业工具基本技术要求与设计导则》同时应用于绝缘工具类、金属工具类和防护用具类，因此表 21-3 支撑标准共 27 项）。

表 21-3 　　　　　　　　　不停电作业装备支撑标准清单

序号	标准编号	标准名称	专业及分类
1	Q/GDW 1911—2013	±660kV 直流输电线路带电作业技术导则	输变电（专业管理类）
2	DL/T 392—2015	1000kV 交流输电线路带电作业技术导则	
3	DL/T 400—2010	500kV 交流紧凑型输电线路带电作业技术导则	
4	DL/T 881—2004	±500kV 直流输电线路带电作业技术导则	
5	DL/T 1126—2017	同塔多回线路带电作业技术导则	
6	Q/GDW 11089—2013	特高压交直流架空输电线路带电作业操作导则	
7	DL/T 1242—2013	±800kV 直流线路带电作业技术规范	
8	GB 26859—2011	电力安全工作规程电力线路部分	
9	GB 26860—2011	电力安全工作规程发电厂和变电站电气部分	
10	DL 560—1995	电业安全工作规程（高压实验室部分）	
11	Q/GDW 1908—2013	直升机电力作业安全工作规程	
12	GB 7258—2017	机动车运行安全技术条件	作业车辆类
13	Q/GDW 11231—2014	输电带电作业工具库房车技术规范	
14	DL/T 974—2005	带电作业用工具库房	
15	GB/T 14545—2008	带电作业用小水量冲洗工具（长水柱短水枪型）	
16	GB/T 18037—2008	带电作业工具基本技术要求与设计导则	绝缘工具类
17	DL/T 877—2004	带电作业工具、装置和设备使用的一般要求	
18	GB 13398—2008	带电作业用空心绝缘管、泡沫填充绝缘管和实心绝缘棒	绝缘工具类
19	DL/T 875—2016	输电线路施工机具设计、试验基本要求	金属工具类
20	DL/T 877—2004	带电作业工具、装置和设备使用的一般要求	金属工具类
21	GB/T 18037—2008	带电作业工具基本技术要求与设计导则	

序号	标准编号	标准名称	专业及分类
22	GB/T 25726—2010	1000kV 交流带电作业用屏蔽服装	防护用具类
23	GB/T 18037—2008	带电作业工具基本技术要求与设计导则	
24	DL/T 877—2004	带电作业工具、装置和设备使用的一般要求	
25	DL/T 879—2004	带电作业用便携式接地和接地短路装置	
26	GB 13398—2008	带电作业用空心绝缘管、泡沫填充绝缘管和实心绝缘棒	
27	DL/T 877—2004	带电作业工具、装置和设备使用的一般要求	检测工具类

三、标准执行说明

(一) 主标准

海拔 1000m 及以下 110～750kV 送电线路带电检修和维护作业的作业方式、最小安全作业距离和组合间隙、绝缘工具的最小有效绝缘长度，作业安全措施及工具的试验、保管等应执行 DL/T 966—2005《送电线路带电作业技术导则》。

在海拔 1000m 及以下，交流 10～1000kV、直流 ±500～±800kV（750kV 为海拔 2000m 及以下值）的高压架空电力线路、变电站（发电厂）电气设备上，采用等电位、中间电位和地电位方式进行的带电作业等应执行 Q/GDW 1799.1—2013《国家电网公司电力安全工作规程　变电部分》及 Q/GDW 1799.2—2013《国家电网公司电力安全工作规程　线路部分》。

绝缘斗臂车的技术要求、试验方法、检验规则、标志、包装、运输和贮存等应执行 GB/T 9465—2008《高空作业车》。

工具库房车的一般要求、试验方法、检验规则和运输与贮存等应执行 GB/T 25725—2010《带电作业工具专用车》。

海拔 1000m 及以下地区、交流额定电压 10～220kV 电力设备的带电水冲洗作业（不包括固定式水冲洗）应执行 GB/T 13395—2008《电力设备带电水冲洗导则》。

单轮绝缘滑车、双轮绝缘滑车、多轮绝缘滑车的要求、试验方法、检验规则和标记应执行 GB/T 13034—2008《带电作业用绝缘滑车》。

通用操作杆、提线杆、绝缘拉杆、绝缘拉板、导线支撑杆以及负荷电流检测仪的绝缘柄部分的绝缘材料分类、技术要求、试验方法、检验规则、标志和包装应执行 GB 13398—2008《带电作业用空心绝缘管、泡沫填充绝缘管和实心绝缘棒》。

110~750kV 交流系统、±500kV 直流系统中使用的绝缘托瓶架的分类、技术要求、试验方法、检验规则和标志等应执行 DL/T 699—2007《带电作业用绝缘托瓶架通用技术条件》。

10~500kV 线路带电作业使用的硬质绝缘平梯、硬质绝缘伸缩梯、硬质绝缘拼接梯、硬质绝缘挂梯、硬质绝缘蜈蚣梯、硬质绝缘人字梯等绝缘硬梯的技术要求、试验项目和方法、运输保管等应执行 GB/T 17620—2008《带电作业用绝缘硬梯》。

在交、直流各电压等级的电气设备上进行带电作业的绝缘绳索材料,如常规型蚕丝绝缘绳索、常规型合成纤维绝缘绳索、常规型高机械强度绝缘绳索、防潮型蚕丝绝缘绳索、防潮型高机械强度绝缘绳索、消弧绳、绝缘测距绳、绝缘软梯、无极绝缘绳套、绝缘绳套、人身绝缘保险绳、导线绝缘保险绳等的分类、材料、技术要求、试验方法、检验规则、保管、贮存和运输等应执行 GB/T 13035—2008《带电作业用绝缘绳索》。

交流 750kV 及以下电压等级输电线路和±500kV 直流输电线路绝缘子卡具如:翼型卡、大刀卡、翻板卡、弯板卡、斜卡、直线吊钩卡、V 型串卡、托板卡、钩板卡、花型卡、端部卡、闭式卡、手动收紧器、液压收紧器、混合式收紧器等带电作业或停电更换绝缘子卡具的型式、规格、技术要求、试验方法、检验规则及标志和包装应执行 DL/T 463—2006《带电作业用绝缘子卡具》。

交流 110~750kV 和直流±500kV 线路带电更换直流绝缘子串的各类提线工具如:单导线钩、水平双分裂导线钩、垂直双分裂导线钩、四分裂导线钩、六分裂导线钩、八分裂导线钩等带电作业提线工具的分类、技术要求、试验方法、试验规则和标志等应执行 GB/T 15632—2008《带电作业用提线工具通用技术条件》。

交流 10~750kV、直流±500kV 带电作业用单导线软梯头、水平双分裂导线软梯头、垂直双分裂导线软梯头、R 销拔销器、W 销拔销器等工具的设计、验算、保管、检验等方面的技术规范应执行 GB/T 18037—2008《带电作业工具基本技术要求与设计导则》。

高压电气设备上进行带电作业所使用的绝缘滑车,如消弧滑车、翻转滑车、翻斗滑车等,其要求、试验方法、检验规则和标记应执行 GB/T 13034—2008《带电作业用绝缘滑车》。

脚踏车式 500kV 四分裂导线飞车的型式、性能、技术要求、试验和检验规则等应执行 DL/T 636—2017《带电作业用导线飞车》。

架空电力线路上松紧导线作业时所使用的铝合金紧线卡线器的型号规格、技术要求、试验方法、检验规则和标志包装等应执行 GB/T 12167—2006《带电作业用铝合金紧线卡线器》。

交流 110（66）～750kV、直流±500kV 及以下电压等级的电气设备上进行带电作业时，作业人员所穿戴的屏蔽服装，如屏蔽服、屏蔽帽、屏蔽手套、屏蔽面罩、导电袜、导电鞋等的分类、技术要求、试验方法、检验规则以及标志和包装等应执行 GB/T 6568—2008《带电作业用屏蔽服装》。

额定电压 110（66）～750kV 的交流输电线路和变电站巡视及地电位作业人员所穿戴的静电感应防护服的技术要求、试验方法及检验规则应执行 GB/T 18136—2008《交流高压静电防护服装及试验方法》。

带电作业用电位转移棒的工具设计、验算、保管、检验等方面的技术规范应执行 GB/T 18037—2008《带电作业工具基本技术要求与设计导则》。

带电作业用负荷检测仪仪表部分的定义、分类、要求、试验方法、检验规则、标志、包装、运输和贮存等应执行 JB/T 9285—1999《钳形电流表》。绝缘手持柄部分的分类、技术要求、试验方法、检验规则、标志和包装应执行 GB 13398—2008《带电作业用空心绝缘管、泡沫填充绝缘管和实心绝缘棒》。

电压范围为交流 1～35kV 的带电作业用核相仪，其要求、试验、质量计划、标志等应执行 DL/T 971—2017《带电作业用便携式核相仪》。

绝缘电阻检测仪的术语和定义、分类、技术要求、试验方法、检验规则和标志、包装、运输、贮存等应执行 DL/T 845.1—2004《电阻测量装置通用技术条件 第 1 部分：电子式绝缘电阻表》。

零值绝缘子检测仪进行检测的一般技术要求、检测方法及判定准则应执行 DL/T 626—2015《劣化悬式绝缘子检测规程》。对于检测盘形悬式绝缘子的火花间隙检测装置的型式、技术要求、试验方法、检验规则、标志、包装和储存等应执行 DL/T 415—2009《带电作业用火花间隙检测装置》。

泄漏电流检测仪的首次检定、后续检定和使用中检验的标准应执行 JJG 843—2007《泄漏电流测试仪检定规程》。

带电作业用风速检测仪的技术要求、检验方法和检验规则等应执行 JB/T 11258—2011《数字风向风速测量仪》。

温湿度检测仪的产品分类、技术要求、试验方法、检验规则以及标志、包装、运输和贮存等应执行 JB/T 6862—2014《温湿度计》。

（二）从标准

带电作业用绝缘工具技术要求、试验方法、检验规则等应执行 DL/T 878—2004《带电作业用绝缘工具试验导则》。

带电作业工具、装置和设备预防性试验的项目、周期和要求应执行 DL/T 976—2017《带电作业工具、装置和设备预防性试验规程》。

　　带电作业用机械式温湿度计、机械式湿度计的首次检定、后续检定和使用中检验应执行 JJG 205—2005《机械式温湿度计检定规程》。

　　带电作业绝缘斗臂车、工具库房车和带电水冲洗车等其定型试验的实施条件、试验项目、试验程序及试验报告内容、可靠性行驶里程和性能试验项目可参考 GB/T 1332—1991《载货汽车定型试验规程》。

　　带电作业用绝缘斗臂车的保养、维护及在使用中应进行的试验要求可参考 DL/T 854—2017《带电作业用绝缘斗臂车使用导则》。